定期テスト ズバリよくでる　理科｜3年　啓林館版

JN100798

もくじ

		教科書の ページ	本書のページ Step 1	Step 2	Step 3	標準的な出題範囲 3学期制	2学期制	あなたの学校の出題範囲
生命	**生命の連続性**							
1章	生物のふえ方と成長	4～16	2	3～4	10～11	1学期 中間テスト	前期 中間テスト	
2章	遺伝の規則性と遺伝子	17～25	5	6～7				
3章	生物の種類の多様性と進化	28～33	8	9		1学期 期末テスト		
地球	**宇宙を観る**					2学期 期末テスト	後期 期末テスト	
1章	地球から宇宙へ	48～62	12	13～14	22～23			
2章	太陽と恒星の動き	66～81	15	16～18		3学期 期末テスト		
3章	月と金星の動きと見え方	82～90	19	20～21				
物質	**化学変化とイオン**					1学期 期末テスト	前期 中間テスト	
1章	水溶液とイオン	108～119	24	25～26	36～37			
2章	電池とイオン	124～140	27	28～29			前期 期末テスト	
3章	酸・アルカリと塩(1)	142～153	30	31～32		2学期 中間テスト		
3章	酸・アルカリと塩(2)	154～161	33	34～35				
エネルギー	**運動とエネルギー**							
1章	力の合成と分解	176～189	38	39～41	60～61			
2章	物体の運動(1)	190～199	42	43～44			後期 中間テスト	
2章	物体の運動(2)	200～207	45	46～47				
3章	仕事とエネルギー(1)	209～213	48	49～50				
3章	仕事とエネルギー(2)	214～220	51	52～53				
4章	多様なエネルギーとその移り変わり	221～229	54	55～57		2学期 期末テスト		
5章	エネルギー資源とその利用	230～239	58	59				
環境	**自然と人間**					3学期 期末テスト	後期 期末テスト	
1章	自然界のつり合い	252～265	62	63～64	70～71			
2章	さまざまな物質の利用と人間	266～274	65	66				
3章	科学技術の発展	275～283						
4章	人間と環境	284～300	67	68～69				
5章	持続可能な社会をめざして	303～309						

取り外してお使いください　赤シート＋直前チェックBOOK,別冊解答

※全国の定期テストの標準的な出題範囲を示しています。学校の学習進度とあわない場合は、「あなたの学校の出題範囲」欄に出題範囲を書きこんでお使いください。

Step 1 基本チェック　1章 生物のふえ方と成長

10分

■ 赤シートを使って答えよう！

❶ 生物のふえ方　▶教 p.5-11

☐ 生物が，自分と同じ種類の新しい個体(子)をつくることを〔 生殖 〕という。

☐ 雌雄の親を必要とせず，親の体の一部が分かれて新しい個体ができることを〔 無性生殖 〕という。このうち，植物において，体の一部から新しい個体をつくることを〔 栄養生殖 〕という。

☐ 雌雄の親がかかわって子を残すふえ方を〔 有性生殖 〕という。

☐ 動物の雌の卵巣では〔 卵 〕が，雄の精巣では〔 精子 〕がつくられる。これらの細胞を〔 生殖細胞 〕という。

☐ 卵の核と精子の核が合体することを〔 受精 〕という。

☐ 受精卵から〔 胚 〕を経て成体になるまでの過程を〔 発生 〕という。

☐ 被子植物では，花粉がめしべの柱頭につくと，〔 花粉管 〕を子房の中の胚珠に向かってのばす。花粉管が胚珠に達すると，花粉管の中を移動してきた〔 精細胞 〕の核と，胚珠の中の〔 卵細胞 〕の核が合体して，受精が行われる。

卵は「たまご」じゃなくて「らん」と読むよ。

❷ 細胞のふえ方　▶教 p.12-16

☐ 1つの細胞が2つに分かれることを〔 細胞分裂 〕という。生物の体は，細胞分裂でふえた細胞が大きくなることで成長する。

☐ 細胞分裂がはじまるとひものような〔 染色体 〕が現れる。

☐ 植物の根や茎の先端など，細胞分裂がさかんに行われている部分を〔 成長点 〕という。

☐ 多細胞生物の細胞には生殖細胞と体をつくっている〔 体細胞 〕があり，この細胞で行われる細胞分裂は〔 体細胞分裂 〕という。

☐ 生殖細胞がつくられるときに行われる細胞分裂は染色体の数がもとの半分になる。このような細胞分裂を〔 減数分裂 〕という。

〔 核 〕　〔 染色体 〕

☐ 植物の体細胞分裂

 テストに出る　生物の成長では，細胞分裂だけでなく細胞が大きくなることを忘れないようにしよう。

Step 2 　予想問題　　**1章 生物のふえ方と成長**

20分
（1ページ10分）

生命

【 雌雄を必要としない生殖 】

❶ 親の体の一部が分かれて，そのまま子になるような生殖について，
次の問いに答えなさい。

☐ ❶ 雌雄の親を必要とせず，体の一部が分かれて子になるような生殖を何と
いうか。　　　　　　　　　（　　　　　　　　　）

☐ ❷ ❶のうち，サツマイモやジャガイモのように，葉や根，茎の一部から新
しい個体をつくる生殖を何というか。　　（　　　　　　　　　）

☐ ❸ ❶のような生殖では，親と子の特徴を比べると，どのようになっている
か。次の㋐，㋑から選び記号で答えなさい。　（　　　　　　　　　）
㋐ 同じになる。　　　㋑ 同じになるとは限らない。

【 動物の有性生殖 】

❷ 図は，雌・雄の2匹のカエルの体内のようすを示したもの
である。次の問いに答えなさい。

(×4)　卵　(×350)　精子

☐ ❶ 図の㋐，㋑をそれぞれ何というか。
㋐（　　　　　　　　）㋑（　　　　　　　　）

☐ ❷ 精子や卵ができるときに行われる，特別な細胞分裂のことを
何というか。　　　（　　　　　　　　　）

☐ ❸ 卵と精子の核が合体すること何というか。　（　　　　　　　　）

☐ ❹ ❸のときにできる新しい1個の細胞を何というか。　（　　　　　　　　）

☐ ❺ このような雌雄にもとづくふえ方を何というか。　（　　　　　　　　）

☐ ❻ 受精卵の成長の順に，下の㋐〜㋑を並べなさい。

（　　　　→　　　　→　　　　→　　　　）

このような生殖の場合，
子の特徴は親と同じに
なるとは限らないよ。

㋐　　　　　　　㋑　　　　　　　㋒　　　　　　　㋓

┈┈

🔦 ヒント　❷❷染色体の数が減る細胞分裂のこと。

【 植物の有性生殖 】

❸ 図1は，被子植物の花のつくりを模式的に表したもので，図2は，花粉が柱頭についた後に花粉管がのびたようすである。次の問いに答えなさい。

図1　花粉　図2

柱頭

Y

X

めしべ

子房　胚珠

□ ❶ 花粉が柱頭につくことを何というか。

（　　　　　　　）

□ ❷ 図2で，胚珠の中にあるＸを何というか。

（　　　　　　　）

□ ❸ 図2で，花粉管の中にあるＹを何というか。　（　　　　　　　）

□ ❹ Ｘの核とＹの核が合体することを何というか。　（　　　　　　　）

□ ❺ ❹の後，Ｘは，細胞の数をふやして何になるか。　（　　　　　　　）

【 生物の成長と細胞分裂 】

❹ 図は，ソラマメの種子が発芽して，根が約2cmのびたとき，根の先端から等間隔に目盛りをつけたようすを示したものである。また，㋐〜㋑は根が約4cmにのびたときのようすを示したものである。次の問いに答えなさい。

㋐　㋑　㋒　㋓

□ ❶ 根が4cmにのびたときのようすを正しく示したものは，図の㋐〜㋓のどれか，記号で答えなさい。

（　　　　　　　）

□ ❷ 顕微鏡で根の細胞を観察すると，根もとのほうと，先端のほうとでは，どちらの細胞が大きいか。　（　　　　　　　）

□ ❸ 右の図の@〜©の中で，細胞の分裂がもっともさかんな部分を選びなさい。　（　　　　　　　）

©

ⓑ

@

□ ❹ 生物の体が成長するとき，細胞がどうなることが必要か。2つ答えなさい。

（　　　　　　　）

（　　　　　　　）

💡ヒント　❸❺胚珠は種子に，子房は果実になる。

❌ミスに注意　❹❹細胞分裂だけでは，根は伸びない。

［解答 ▶ p.1］

Step 1 基本チェック : 2章 遺伝の規則性と遺伝子

⏱ 10分

■ 赤シートを使って答えよう！

❶ 親から子への特徴の伝わり方 ▶ 教 p.17-20

□ 生物がもつさまざまな形や性質の特徴を［形質］という。

□ 形質が子やそれ以降の世代に現れることを［遺伝］という。

□ 遺伝は，染色体にふくまれている［遺伝子］が親から子へ伝わることによって行われる。

□ 同じ形質の個体をかけ合わせたとき，親，子，孫と代を重ねても，その形質がすべて親と同じである場合，これらを［純系］という。

□ エンドウの種子の形の丸としわのように，同時に現れない形質が2つ存在するとき，このような形質のことを［対立形質］という。

□ 対立形質をもつ純系どうしをかけ合わせたとき，子に現れる形質を［顕性］形質，現れない形質を［潜性］形質という。

❷ 遺伝のしくみ ▶ 教 p.21-24

□ 減数分裂の結果，対になっている遺伝子が分かれて別々の生殖細胞に入ることを［分離の法則］という。

生殖細胞

□ 遺伝子の伝わり方

❸ 遺伝子の本体 ▶ 教 p.25

□ 染色体には遺伝子がふくまれる。遺伝子の本体は［DNA］（デオキシリボ核酸）という物質である。

 テストに出る　子や孫の遺伝子の組み合わせや形質はよく出題される。

Step 2 　予想問題 ： 2章 遺伝の規則性と遺伝子

20分
（1ページ10分）

【 遺伝の規則性 】

❶ エンドウのしわのある種子をつくる純系の花粉を使って，丸い種子をつくる純系の花を受粉させた。丸い純系の遺伝子をAA，しわのある純系の遺伝子をaaで表すと，子の遺伝子の組み合わせは表1のようになり，すべて丸形の種子になった。

□ **❶** エンドウを用いた実験で，遺伝の規則性を明らかにした神父はだれか。　　（　　　　　　　）

□ **❷** 「丸」「しわ」のように，同時に現れない2つの形質を何というか。　　　　　　　（　　　　　　　）

□ **❸** エンドウの形質で，しわと丸のどちらが顕性形質か。　　　　　　　　　　　　　　（　　　　　　　）

□ **❹** 対になった遺伝子が別々の生殖細胞に入ることを何というか。　　　　　　　　　　（　　　　　　　）

表1

生殖細胞の遺伝子	A	A
a	Aa	Aa
a	Aa	Aa

表2

生殖細胞の遺伝子	A	a
A	AA	①
a	Aa	②

□ **❺** Aaの遺伝子をもつ子どうしをかけ合わせた場合，孫に現れる遺伝子の組み合わせは表2のようになる。①，②にあてはまる遺伝子の組み合わせをそれぞれ書きなさい。

①（　　　　　）　　②（　　　　　）

□ **❻** 表3は，❺の結果をまとめたものである。①〜④にあてはまる言葉や数を書きなさい。

①（　　　　　　　）　　②（　　　　　）
③（　　　　　　　）　　④（　　　　　）

表3

遺伝子の組み合わせ	形質	割合
AA	丸い種子	1
Aa	①	②
aa	③	④

□ **❼** 孫の代では，丸い種子としわのある種子の現れる割合は何対何になるか。　　丸：しわ＝（　　　　　）

□ **❽** 次の文の（　）にあてはまる言葉や数を書きなさい。
顕性形質をもつ純系の親と潜性形質をもつ純系の親から生じる子は，①（　　　　　）形質を示し，子の自家受粉によってできる孫は，顕性形質と潜性形質が②（　　　　　）の割合で現れる。

「顕」は「あらわれる」という意味。
「潜」は「もぐる」という意味だよ。

・・

ヒント ❶❸優性，劣性ともいう。潜性（劣性）は，遺伝子はあるが，形質には現れない。

生命

【 親と子のつながり 】

❷ 図の A，B は，動物の雌，雄それぞれの体細胞にふくまれる染色体を表している。

□ ❶ 生物のもつさまざまな形や性質を何というか。

（　　　　　　）

□ ❷ ❶が子に伝わることを何というか。

（　　　　　　）

□ ❸ 次の⑦，⑦のような分裂をそれぞれ何分裂というか。　⑦（　　　　　）

⑦（　　　　　）

⑦　2 本の染色体が 1 本ずつに分かれ，2 つの細胞の中に入っていく。

⑦　2 本の染色体がそれぞれ複製されて，2 つの細胞に 2 本ずつ入っていく。

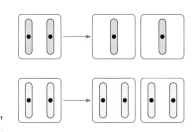

□ ❹ 図の動物で，精子と卵が作られるとき，染色体はどうなるか，❸の⑦，⑦から選び，記号で答えなさい。　　（　　　　）

□ ❺ 子は親とちがった形質を示す場合がある。それはなぜか，簡単に説明しなさい。

（　　　　　　　　　　　　　　　）

【 遺伝子の本体 】

❸ 遺伝は，細胞内の遺伝子が子の細胞に受けつがれることで起こる。

□ ❶ 遺伝子は，細胞の核の中のどの部分にあるか。

（　　　　　　）

□ ❷ 遺伝子の本体は何という物質か。アルファベットで答えなさい。　　（　　　　）

細胞

ヒント ❷❹有性生殖では，雌と雄の生殖細胞が受精して子ができる。

Step 1 基本チェック ● 3章 生物の種類の多様性と進化 ⏱ 10分

■ 赤シートを使って答えよう！

❶ 生物の共通性と多様性　▶ 教 p.28-29

☐ 生物は長い時間の中で世代を重ねる間に変化する。このような変化を生物
の［ 進化 ］という。

❷ 進化の証拠　▶ 教 p.30-31

☐ シソチョウ（始祖鳥）は，羽毛や［ 翼 ］のような前あしなどは，［ 鳥 ］
類の特徴をもっているが，爪や口の［ 歯 ］などは，［ は虫 ］類の特徴も
もっている。

骨格

くちばしの
［ 歯 ］

前あしの
［ 爪 ］

尾の骨

外見（想像図）

体が
［ 羽毛 ］
でおおわれている。

前あしが
［ 翼 ］に
なっている。

☐ **シソチョウ**

☐ 両生類・は虫類・哺乳類の前あし，鳥類の翼のように，形もはたらきもち
がうのに，骨格の基本的なつくりが似ていて，起源が同じであったと考え
られる器官を［ 相同器官 ］という。

❸ 生物の移り変わりと進化　▶ 教 p.32-33

☐ 地球上に最初に現れた脊椎動物は［ 魚類 ］である。このうちのあるもの
が進化して［ 両生類 ］になり，さらに，［ は虫類 ］，哺乳類，鳥類が出
現したと考えられている。

☐ 脊椎動物では，まず魚類が［ 水中 ］に現れ，魚類のあるものから両生類
が進化して［ 陸上 ］へ進出した。

 テスト
に出る　シソチョウの特徴の，どの部分が鳥類でどの部分がは虫類に似ているのかがよく出る。

Step 2 予想問題 ● 3章 生物の種類の多様性と進化

⏱ **10分**
（1ページ10分）

生命

【 脊椎動物の歴史 】

❶ 図は，脊椎動物の出現する年代を表したもので，⑦〜③は，それぞれの動物が地球上に現れた時点を示している。

□ **❶** 図のA〜Eの動物は，それぞれ何類か。

A（　　　類）　B（　　　　類）　C（　　　　類）

D（　　　類）　E（　　　類）

□ **❷** 脊椎動物が最初に陸上に進出したのは，図の⑦〜③のどの時点か。

（　　　　　　　）

□ **❸** シソチョウは，2つのなかまの中間的な特徴をもっているため，進化の道すじをたどるための重要な証拠であると考えられている。この2つのなかまは何か。　　　（　　　類）（　　　　類）

【 進化の証拠 】

❷ 図は，3種類の脊椎動物（クジラ，コウモリ，ヒト）の前あしの骨格を比較したものである。

□ **❶** クジラの前あしを表しているものは，A〜Cのどれか。　（　　　）

□ **❷** B，Cの動物の骨のうち，図Aのaに相当する骨をぬりなさい。

□ **❸** これらの比較から何がわかるか。簡単に書きなさい。

（　　　　　　　　　　　　　　　　　）

□ **❹** このような器官を何というか。　（　　　　　　　）

. . . .

✕ ミスに注意 ❶❶哺乳類の後に鳥類が出現している。

💡 ヒント ❷❶クジラは海の中で泳ぐのに適した前あしをもっている。

Step 3 予想テスト　生命の連続性

30分　／100点　目標 70点

❶ タマネギを水につけて根の成長のようすを観察した。次の問いに答えなさい。[技]

図1

□ ❶ 細胞分裂のようすを観察するには，根のどのあたりを観察すればよいか。図1のX，Y，Zから選び，記号で答えなさい。

□ ❷ 根の一部を取り出してスライドガラスにのせ，えつき針で細かくくずした後，5%塩酸を1滴落として3〜5分待つ。この理由を簡単に書きなさい。

図2

□ ❸ 図2のような細胞が観察された。Fをはじまりとして，細胞分裂の順にA〜Fを並べなさい。

□ ❹ 細胞Dに見られるひものようなものを何というか。

□ ❺ ❹のひものようなものについて，その分裂前の数と，分裂後のそれぞれの細胞にある数は，どんな関係になっているか。

□ ❻ 次の文は，根が成長するしくみを説明したものである。　①　，　②　にあてはまる言葉を書きなさい。

　水につけたタマネギの根が伸びるのは，細胞分裂によって細胞の数が　①　，その1つ1つの細胞が　②　なることで成長すると考えられる。

❷ 図は，被子植物の花のつくりを模式的に示したものである。次の問いに答えなさい。[思]

花粉　柱頭　B　A　卵細胞　子房

□ ❶ めしべの柱頭についた花粉からのびたAを何というか。

□ ❷ Aの中を通って卵細胞に向かっていくBを何というか。

□ ❸ Bの核と卵細胞の核が合体した後，受精卵は体細胞分裂をくり返して何になるか。

□ ❹ 受精後，胚珠は何になるか。

□ ❺ 植物はこのような種子をつくるふえ方以外でもなかまをふやすことができる。その方法を1つ書きなさい。

❸ エンドウには，種子を丸くする遺伝子Ａと，しわにする遺伝子ａがある。図のように，丸（AA）の種子としわ（aa）の種子をそれぞれまいて，花を咲かせて受精させた。次の問いに答えなさい。思

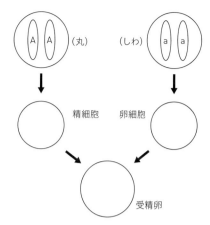

□ ❶ 丸（AA）の種子からできた精細胞の染色体や遺伝子のようすを，右図にならって図で示しなさい。

□ ❷ ❶の精細胞（花粉）を，しわ（aa）の種子からできためしべの柱頭に他家受粉した。このときにできた受精卵の染色体や遺伝子のようすを図で示しなさい。

□ ❸ ❷の受精卵からできた種子は，どのような形をしているか。

□ ❹ ❸でできた種子をまいて，花を咲かせた。この花の花粉を同じ花の柱頭に自家受粉した。このとき，どのような遺伝子をもつ受精卵ができるか。３つの組み合わせを考えて，❷と同様に図で示しなさい。

□ ❺ ❹でできたそれぞれの受精卵がつくった種子の形を答えなさい。

□ ❻ 丸い種子には，どのような遺伝子の組み合わせが考えられるか。すべて答えなさい。

□ ❼ ❹でできた種子は，全部で約10000個であった。丸い種子は約何個あると考えられるか。

□ ❽ 形質のもととなっている遺伝子の本体をアルファベット３文字で書きなさい。

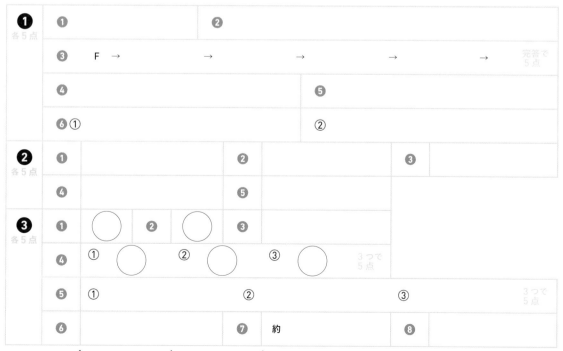

Step 1 基本チェック　1章 地球から宇宙へ

10分

■ 赤シートを使って答えよう！

❶ 地球・月・太陽　▶教 p.48-52

[プロミネンス]

表面　約 [6000] ℃

中心部　約 [1600万] ℃

コロナ（高温のガスの層）　黒点（周囲より温度が低い部分）

□ 太陽の表面と内部構造

□ 月には大気や水がほとんどなく，表面には，いん石の衝突でできた [クレーター] がある。

□ 太陽の表面にある，温度の低い [黒点] を観察すると，少しずつ一方向に移動することから，太陽が [自転] していることがわかる。

□ 黒点が中央部で丸く，周辺部で縦長の形になることから，太陽は [球] 形をしていることがわかる。

□ 太陽のように，みずから光をはなつ天体を [恒星] という。

□ 地球が [地軸] を中心に1日1回転するのにかかる時間を [自転周期] といい，太陽のまわりを1年で1周するのにかかる時間を [公転周期] という。

❷ 太陽系　▶教 p.53-57

□ 太陽とそのまわりの天体をまとめて [太陽系] といい，8個の [惑星] がある。

□ 水星，金星，地球，火星は [地球] 型惑星といい，木星，土星，天王星，海王星は [木星] 型惑星という。

□ 惑星のほかにも火星と木星の間にある多くの [小惑星]，月のように惑星のまわりを公転している [衛星]，氷やちりが集まってできた [すい星]，おもに海王星より外側にある冥王星などの [太陽系外縁天体] がある。

> 地球型惑星は，岩石や金属でできているので密度が大きく，木星型惑星は，水素やヘリウムが多いから密度が小さいよ。

❸ 宇宙の広がり　▶教 p.58-62

□ 恒星までの距離は光が1年に進む距離を1 [光年] とした単位で表し，明るさは等級で表す。

□ 太陽系をふくむ多数の恒星などの集まりを [銀河系]，その外にある多数の恒星などの集まりを [銀河] という。

テストに出る　黒点の動きや形から，太陽が球形で自転していることを考える問いがよく出る。

Step 2　予想問題　　1章 地球から宇宙へ

20分
（1ページ10分）

【 太陽 】

❶ 図は，太陽の表面のようすを表したものである。次の問いに
答えなさい。

黒点　　A　　B

□ ❶ 太陽は，固体・液体・気体のいずれでできているか。

（　　　　　　　）

□ ❷ Aのような部分を何というか。　　（　　　　　　　）

□ ❸ Bのように，太陽をとりまく高温の気体を何というか。

（　　　　　　　）

□ ❹ 太陽の表面の温度と，中心部の温度を，次の⑦〜⊆から選び，記号で答
えなさい。　　　　　　　　　表面（　　　）　　中心部（　　　）

⑦ 約4000 ℃　　　④ 約6000 ℃　　　⑦ 約100万 ℃　　　⊆ 約1600万 ℃

□ ❺ 黒点はなぜ黒く見えるのか。　　（　　　　　　　）

□ ❻ 太陽の中心付近で円形に見えた黒点は，太陽の端のほうにくるとだ円形
に見える。このことから，どんなことがわかるか。

（　　　　　　　）

□ ❼ 太陽のように，みずから光りかがやいている天体を何というか。

（　　　　　　　）

【 太陽系のさまざまな天体 】

❷ 次の問いに答えなさい。

□ ❶ 太陽のまわりを公転している天体を何というか。　（　　　　　　　）

□ ❷ ❶のまわりを公転している小さな天体を何というか。（　　　　　　　）

□ ❸ 氷や小さな石の粒が集まってできていて，だ円軌道で太陽のまわり
を公転する天体を何というか。　　（　　　　　　　）

□ ❹ 火星と木星の間にあり，❷と同じ向きに公転している無数の小さな
天体を何というか。　　（　　　　　　　）

□ ❺ 太陽と太陽を中心に公転している天体の集まりを何というか。

（　　　　　　　）

惑星を地球から観察す
ると，星座の中を惑う
（決まった動きをせず
うろうろすること）よ
うに見えるよ。

ヒント　❶❶太陽はおもに水素とヘリウムのガスでできている。

ミスに注意　❶❻「どんなことがわかるか」と問われているので「…こと」と答える。

【 太陽系 】

❸ 図は，太陽系のおもな天体である。次の問いに答えなさい。

□ ❶ a ～ c の天体の名称をそれぞれ答えなさい。

a （　　　　　　） b （　　　　　　） c （　　　　　　）

□ ❷ 地球の衛星は何か。 （　　　　　　）

□ ❸ 太陽系で赤道半径，質量が最大の惑星は何か。 （　　　　　　）

□ ❹ 特徴のあるリングをもち，太陽系でもっとも平均密度が小さい惑星は何か。 （　　　　　　）

□ ❺ 公転周期がもっとも短い惑星は何か。 （　　　　　　）

【 太陽系の外にある天体 】

❹ 太陽系の外にある天体と太陽について，次の問いに答えなさい。

□ ❶ みずからかがやく星座の星などの天体を何というか。 （　　　　　　）

□ ❷ 天体望遠鏡で❶を観測したとき，どのように見えるか。
（　　　　　　）

□ ❸ 表は，星座を形づくるいくつかの星と太陽についてまとめてある。

① 見かけ上，一番明るい星はどれか。 （　　　　　　）

② 見かけの明るさのちがいは，その星の実際の明るさ以外に，何に関係するか。 （　　　　　　）

③ リゲルとアンタレスでは，星そのものの明るさはどちらが明るいか。
（　　　　　　）

④ 表のような星座をつくる星が無数に集まったものを何というか。
（　　　　　　）

⑤ 光年とは，どのような距離を単位としたものか。
（　　　　　　）

星の名前	等級	距離（光年）
リゲル	0.1	863
シリウス	−1.5	8.6
北極星	2.0	433
太陽	−27	8分20秒*
アンタレス	1.0～1.8	553
ベテルギウス	0.4～1.3	497

＊0.00001581光年。これを分になおしたもの。

等級が1小さくなると，明るさは約2.5倍になるよ。

♦ヒント ❸❺太陽から離れるほど，公転周期が長くなる。

Step 1 基本チェック ● 2章 太陽と恒星の動き

10分

■ 赤シートを使って答えよう！

地球

❶ 太陽の動き　▶教 p.66-73

□ 太陽の1日の動きは，地球が北極側から見て ［反時計］ 回りに自転しているために起こる見かけの動きで，これを太陽の ［日周運動］ という。

□ 太陽が真南にくるときを ［南中］ といい，このときの太陽の高度を ［南中高度］ という。

□ 地球は，［地軸］ を公転面に垂直な方向に対して23.4°傾いたまま，自転しながら公転している。このため，季節によって太陽の南中高度や昼間の長さが変わり，四季が生じる。

□ 季節によって気温が変化するのは，太陽の光が当たる ［角度］ によって，単位面積あたりに地面が得るエネルギーが変わるからである。

$$90° − (35° − ［23.4 °］) = ［78.4 ］°$$
$$90° − (35° + ［23.4 °］) = ［31.6 ］°$$

□ 地軸の傾きと南中高度（北緯35°地点）

❷ 星座の星の動き　▶教 p.74-81

□ 天体の位置や動きを示すために，空を球状に表したものを ［天球］ という。この球上の天体の位置は，方位と高度を用いて表す。

□ 北の空の星は，［北極星］ を中心として1時間に約 ［15］ °動き，東の空に見えた星は，やがて西に動く。これを星の ［日周運動］ という。

□ 星は，緯度によって動きがちがって見える。

□ 太陽は，地球の公転によって，星座の中を動いているように見える。この星座の中の太陽の通り道を ［黄道］ という。

□ 天球上の星座は，1年で1周して見える。1か月に約 ［30］ °動く。このような星のみかけの動きを，星座の星の ［年周運動］ という。

□ 地球の公転と天球上の太陽の動き

 透明半球上の長さから時間を求める問題がよく出るので，計算できるようにしておこう。

【 太陽の１日の動き 】

❶ 図は，北半球で太陽の１日の動きを記録した透明半球である。

太陽の動き

□ ❶ 観測者の位置はどこか。a～iの記号で答えなさい。

（　　　　　）

□ ❷ 真東の方位を示しているのはどれか。a～iの記号で答えなさい。

（　　　　　）

□ ❸ ∠bheは何を表しているか。なお，bは，天の子午線の上にある。

（　　　　　）

□ ❹ 太陽の位置を１時間おきに観測し，その記録を紙テープにうつしとったところ，９時から10時までの間が3.0cmであった。日の出から９時までの間が6.75cmだとすると，この日の日の出は何時何分か。

（　　時　　分）

天の子午線とは，北と天頂（てんちょう）と南を結ぶ線のことだよ。

【 太陽の動きと季節の変化 】

❷ 図１は，地球が太陽のまわりを自転しながら公転しているようすを表している。次の問いに答えなさい。

図1

自転の向き
地球
太陽
地軸

□ ❶ 図１で，地球はa，bのどちらの向きに公転しているか。

（　　　　　）

□ ❷ 春分の日の地球の位置は，図１のA～Dのどの位置か。また春分の昼の長さを図２のⓐ～ⓓから，春分の日の太陽の日周運動のようすを図３のX～Zからそれぞれ選び，記号で書きなさい。

図１（　　　　）　図２（　　　　）　図３（　　　　）

図2〔時〕

日の入り
昼の長さ
日の出
（月）

図3

南　　北

・・・

❌ミスに注意 ❶❹太陽が動く時間を求めた後，９時から引くのを忘れないようにする。

💡ヒント ❷❷春分と秋分の日は，昼と夜の時間が同じになる。

【 北の空の１日の星の動き 】

❸ 図のＡ，Ｂはある日の夜，日本のある場所で見える
   カシオペヤ座の位置を示したもので，恒星Ｏをほぼ
   中心に回転して見える。ただし，Ｂは20時30分に見
   える位置である。次の問いに答えなさい。

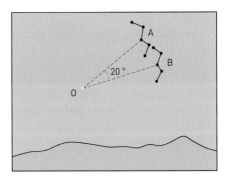

□ ❶ 恒星Ｏの名称を答えなさい。　　　（　　　　　　　）

□ ❷ 恒星Ｏはほとんど動かない。その理由を簡単に説明し
   なさい。

   （　　　　　　　　　　　　　　　　　　　　　　　）

□ ❸ この日，カシオペヤ座がＡの位置に見える時刻を答えなさい。

                            （　　　　　　　　　）

□ ❹ 次の文の（　）にあてはまる言葉を書きなさい。
   地球は（ ① 　　　　）を軸とし，１日に（ ② 　）回，（ ③ 　　　）から
   （ ④ 　）へ（ ⑤ 　　　　）しているため，すべての天体が１日に ② 回，
   地球の ⑤ とは逆の方向に向かって回転して見える。

【 オリオン座の年周運動 】

❹ 図は，毎月15日の真夜中（０時）のオリオン座が見える位置を調べ
   てスケッチしたものである。次の問いに答えなさい。

□ ❶ オリオン座は，季節とともに東，西のどちら向きに移動
   しているか。　　　（　　　　　）

□ ❷ ９月15日〜３月15日まで，何度動いているか。

                            （　　　　　　　）

□ ❸ １か月に何度動いているか。また，１日では何度動いて
   いるか。
        １か月で（　　　　　　）　　１日で（　　　　　　）

□ ❹ オリオン座が図のように動いて見えるのは，地球の何が原因か。

                            （　　　　　　　）

□ ❺ 10月15日，オリオン座が真南にくるのは何時ごろか。

                        （　　　　　　ごろ）

□ ❻ 12月15日，Ｂの位置にオリオン座が見えるのは何時ごろか。

                        （　　　　　ごろ）

❌｜ミスに注意 ❸❷理由を問われているので，「…から。」と答える。「地軸」という語を必ず書く。

💡｜ヒント ❹❸１周360°を12か月で割ると１か月あたりの角度が出る。

【 観察地の緯度と天体の動き 】

❺ 秋分の日の太陽の動きを記録した透明半球がある。次の①～③はど

☐　の場所での記録か。下の㋐～㋓から選び，記号で答えなさい。

①（　　　）　②（　　　）　③（　　　）

　㋐ 東京

　㋑ オーストラリア

　㋒ 赤道

　㋓ 北極

【 太陽の１年の動き 】

❻ 図１は，天球にある星座のうち，見かけ上，太陽と重なって見える
　12の星座と太陽，地球の位置を示した図である。

図１

☐ ❶ 地球から見ると星座の間を太陽が動いて見え
　　る。この太陽の通り道を何というか。

（　　　　　　）

☐ ❷ 図１で，Ｐにある地球を北極の上から見た図
　　が図２である。

　　① 太陽は何座の方向に見えるか。

（　　　　　　）

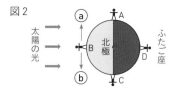

図２

　　② Ｂの観測者から見て，ⓐ，ⓑはそれぞれどの方位にあ
　　　たるか。　　ⓐ（　　　）　ⓑ（　　　）

　　③ 夕方に位置している観測者はＡ～Ｄのうちどれか。

（　　　　　　）

　　④ 夕方，東の空にある星座を次から選びなさい。　　（　　　　）

　　　㋐ ふたご座　　㋑ おとめ座　　㋒ いて座　　㋓ うお座

　　⑤ 真夜中に西の空にある星座を④の㋐～㋓から選びなさい。

（　　　　　　）

☐ ❸ ＰからＱまで動くのに約何か月かかるか。　　（約　　　　　　）

. . . .

🔔ヒント ❺秋分の日は，日本では真東から太陽がのぼり，南を通って真東に沈む。

❌ミスに注意 ❻❷星座は地球から非常に遠い。図１の星座は天球上の見かけの位置である。

［解答 ▶ p. 5］

地球

Step 1 基本チェック　3章 月と金星の動きと見え方　⏱ 10分

■ 赤シートを使って答えよう！

❶ 月の動きと見え方　▶ 教 p.83-85

☐ 月は，ほぼ1か月ごとに，新月→［三日月］→上弦の月→［満月］→下弦の月→三日月とは逆向きの月→新月のように，形を変えて見える。

☐ 月は，［太陽］の光を反射して地球のまわりを［公転］するため，満ち欠けして見える。

☐ 月が太陽と重なり，太陽がかくされる現象を［日食］という。太陽の全体がかくされる皆既日食や，一部がかくされる部分日食がある。

☐ 月の全体，または一部が，地球の影に入る現象を［月食］という。

☐ 月の見え方

❷ 金星の動きと見え方　▶ 教 p.86-90

☐ 金星は地球の［内側］を公転しているので，［真夜中］に見ることはできず，夕方の［西］の空か，明け方の［東］の空で見ることができる。また，地球と公転周期が異なるため，太陽・地球・金星の位置関係が変わり，見える方向や見かけの［大きさ］を変えながら［満ち欠け］もする。

夕方［西］の空に見える。　明け方［東］の空に見える。
☐ 金星の位置と見え方

> 📝 テストに出る
> 地球から見た形や大きさと，太陽と地球と月や金星の位置関係をよく理解しておこう。

Step 2 予想問題 : 3章 月と金星の動きと見え方

20分
(1 ページ10分)

【 月の満ち欠け 】

❶ 図は，月が太陽の光を反射しながら，地球のまわりを回っているようすを示している。次の問いに答えなさい。

太陽の光

□ ❶ 新月と満月は，それぞれA～Hのどこにきたときか。

新月（　　　）　　満月（　　　）

□ ❷ 下のような形に見える月の位置は，A～Hのどれか。

①

②

③

④

（　　　）　　（　　　）　　（　　　）　　（　　　）

□ ❸ 日没直後に南の空に月が見えているときの月の位置は，A～Hのどれか。

（　　　）

【 日食・月食 】

❷ 図を見て，次の問いに答えなさい。

□ ❶ 月は，地球のまわりを，図のa，bどちらの向きに回っているか。　　（　　　）

□ ❷ 図のような位置に地球・太陽があるとき，月がA～Dのどの位置にきたとき，月食や日食が起こるか。　月食（　　　）　日食（　　　）

□ ❸ 次の文のうち，正しいものをすべて選びなさい。

（　　　）

㋐ 月と太陽は，実際に同じ大きさである。

㋑ 月と太陽は，見かけの大きさが等しい。

㋒ 太陽と月の地球からの距離の比と大きさ（直径）の比は等しい。

⊗ ミスに注意 ❶❷地球から見た形である。

💡 ヒント ❷❷月が地球の影に入る現象が月食，月によって太陽がかくされる現象が日食である。

［解答 ▶ p. 7］

地球

【 金星の位置と見え方 】

❸ 図は，太陽と地球と金星の位置関係を示したものである。
次の問いに答えなさい。

金星
⑦
⑧
⑨イ
太陽
⑨ウ ⑩b ⑪キ
⑫a ⑬
⑭エ ⑮オ ⑯カ
地球
自転の向き

□ **❶** 金星の公転の向きは，図の ⓐ，ⓑ のどちらか。
（　　　　　）

□ **❷** 金星が明け方に見えるとき，どの方角に見えるか。次
のア～エから選びなさい。　　　　（　　　　　）
　　ア　東の空　　　イ　西の空
　　ウ　南の空　　　エ　北の空

□ **❸** ❷のとき，金星はどの位置にあるか。図の⑦～⑰から
すべて選び，記号で答えなさい。　　（　　　　　）

□ **❹** 金星が夕方に見えるとき，どの方角に見えるか。❷の
ア～エから選びなさい。　　　（　　　　　）

□ **❺** 金星が⑭の位置にあるとき，地球からどのような形に見えるか。次のＡ
～Ｇから選び，記号で答えなさい。ただし，金星の見かけの大きさはす
べて同じにしてある。　　　（　　　　　）

A　　　　B　　　　C　　　　D　　　　E　　　　F　　　　G

□ **❻** 図の⑨イ，⑨ウ，⑭エの位置に金星があるときの，見かけの大きさについて述
べた文として正しいものを，次のア～ウから選び，記号で答えなさい。
（　　　　　）

　　ア　⑨イの位置にあるときがもっとも大きく，⑭エの位置にあるときがも
　　　っとも小さく見える。
　　イ　⑨イの位置にあるときがもっとも小さく，⑭エの位置にあるときがも
　　　っとも大きく見える。
　　ウ　⑨イの位置にあるときも，⑭エの位置にあるときも，同じ大きさに見
　　　える。

□ **❼** 金星は，地球から真夜中に観察することができない。この理由を簡単に
書きなさい。
（　　　　　　　　　　　　　　　　　　　　　　　　　）

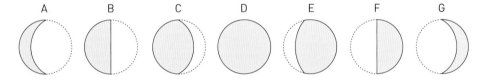

❗ヒント ❸❻イ，ウ，エの位置にあるときは，右側が光って見える。

✖ミスに注意 ❸❼理由を問われているので「…から。」「…ため。」と答える。

Step 3 予想テスト　宇宙を観る

30分　/100点　目標 70点

❶ 図は，太陽の表面のようすを模式的に表したものである。次の問いに答えなさい。

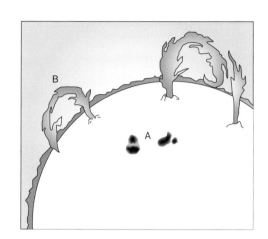

- ☐ ❶ 太陽の表面温度はおよそ何℃か。

- ☐ ❷ Aは太陽の表面にある黒い斑点である。この部分を何というか。また，この部分の温度はおよそ何℃か。

- ☐ ❸ Aを数日間観察すると，少しずつ移動しているのがわかった。移動する理由を答えなさい。

- ☐ ❹ Bは炎のようなガスの動きである。これを何というか。

❷ 図1のP，Q，Rは，日本のある地点で夏至，秋分，冬至に太陽の動きを透明半球上に記録したものである。また，図2は，各季節の地球と太陽の位置の関係を表したものである。次の問いに答えなさい。技

図1

図2

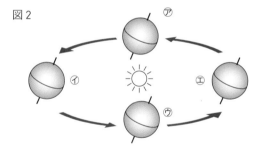

- ☐ ❶ B，Cの方位は何か。それぞれ答えなさい。

- ☐ ❷ P，Rを記録した日はいつか。それぞれ答えなさい。

- ☐ ❸ 点Aは，その日の太陽が南中した点である。∠AOBを太陽の何というか。

- ☐ ❹ 図1のPを記録した日の地球の位置として適当なものを，図2の⑦〜⊆から選びなさい。

- ☐ ❺ 図1のように，季節によって太陽の動きを記録した曲線が，P，Q，Rのように移動する理由として最も適当なものを，次の⑦〜⊆から選びなさい。
  - ⑦ 地球が自転しているから。
  - ⑦ 地球が太陽のまわりを公転しているから。
  - ⑦ 地球が地軸を傾けたまま自転しているから。
  - ⊆ 地球が地軸を傾けたまま太陽のまわりを公転しているから。

❸ 図は，地球の北極側から見た太陽，金星，地球の位置関係を表したものである。次の問いに答えなさい。［思］

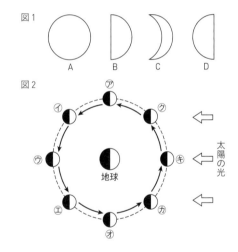

□❶ 金星は地球から真夜中に見ることはできない。その理由を答えなさい。

□❷ 金星が夕方の西の空に見えるのはア〜オのどこにあるときか。記号で選びなさい。

□❸ エの金星は，いつごろどこに見えるか。ⓐ〜ⓔから記号で選びなさい。
   ⓐ 日没後，西の空　　ⓑ 日没後，東の空　　ⓒ 日の出前，西の空
   ⓓ 日の出前，東の空　ⓔ 真夜中，南の空

□❹ イの金星は地球からどのように見えるか。右の図の㋐〜㋑から選び，記号で答えなさい。

㋐ 　㋑ 　㋒ 　㋓

❹ 図1は，月の見え方を表したもので，図2は月と地球との位置関係を示したものである。次の問いに答えなさい。［思］

図1
A　B　C　D

図2
太陽の光
地球

□❶ 図1のA〜Dを，新月から変化していく順に並べなさい。

□❷ 図1のA〜Dの月は，図2の㋐〜㋗のどの位置のときか。それぞれ記号で答えなさい。

□❸ 新月は，図2の㋐〜㋗のどの位置にあるときか。

□❹ 月食が起こるのは，月が図2の㋐〜㋗のどの位置にきたときか。

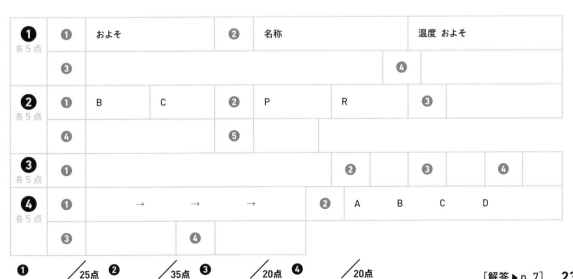

❶ 各5点	❶	およそ		❷	名称		温度 およそ	
	❸					❹		
❷ 各5点	❶	B	C	❷	P	R	❸	
	❹			❺				
❸ 各5点	❶			❷		❸		❹
❹ 各5点	❶	→ → →		❷	A B C D			
	❸		❹					

❶ ／25点　❷ ／35点　❸ ／20点　❹ ／20点

Step 1 基本チェック ： 1章 水溶液とイオン

10分

■赤シートを使って答えよう！

❶ 水溶液にすると電流が流れる物質 ▶ 教 p.108-110

□ 物質を水にとかしたとき，その水溶液が電流を通す物質を ［電解質］，電流を通さない物質を ［非電解質］ という。

❷ 電解質の水溶液に電流が流れたときの変化 ▶ 教 p.111-114

□ 塩化銅水溶液に電流を流すと，陽極付近から ［塩素］ が発生し，陰極の表面に ［銅］ が付着する。

□ うすい塩酸に電流を流すと，陽極付近から，［塩素］ が発生し，陰極付近から ［水素］ が発生する。

❸ 電気を帯びた粒子の正体 ▶ 教 p.115-119

□ 原子は，＋の電気をもった ［原子核］ と − の電気をもった ［電子］ からできている。

□ 原子核は＋の電気をもつ ［陽子］ と電気をもたない ［中性子］ からできている。

□ 多くの元素では，同じ元素でも中性子の数が異なる原子が存在する。このような関係にある原子を ［同位体］ という

□ 原子が＋または−の電気を帯びたものを ［イオン］ という。そのうち，＋の電気を帯びたものを ［陽イオン］，−の電気を帯びたものを ［陰イオン］ という。

□ イオンを記号で表すときは，原子の記号の右肩にそれが帯びている電気の種類と数をつけて表す。

□ 電解質が水にとけて，陽イオンと陰イオンに分かれることを ［電離］ という。

［陽子］

［中性子］

［電子］

［原子核］

□ **ヘリウム原子の構造**

［電子］ を1個失う。　全体として ［＋］ の電気を帯びる。

［電子］ を　1個受けとる。　全体として ［−］ の電気を帯びる。

□ **イオンのでき方**

 電解質の水溶液の種類と性質について，まとめておこう。

Step 2 予想問題 **1章 水溶液とイオン**

20分
（1ページ10分）

【 電流が流れる水溶液 】

❶ 図のように，蒸留水に電極を入れたところ，電流は流れなかった。次に，下の□□□の⑦〜㋕の水溶液に電流が流れるかどうかを調べた。次の問いに答えなさい。

電源装置（3V）

電流計

光電池用モーター

ステンレス電極

> ⑦ 塩化ナトリウム水溶液　　㋑ 砂糖水
> ㋒ 塩酸　　㋓ 塩化銅水溶液
> ㋔ エタノール水溶液
> ㋕ 水酸化ナトリウム水溶液

☐ ❶ 1つの電極を使っていくつかの水溶液にさしこんで使う場合，つけかえるさいの注意点を簡単に書きなさい。

（　　　　　　　　　　　　　　　　　）

☐ ❷ 電流が流れた物質を⑦〜㋕からすべて選び，記号で答えなさい。

（　　　　　　　　　　　　　　　　　）

☐ ❸ ❷のような，水にとけると水溶液に電流が流れる物質を何というか。

（　　　　　　　　　　　　　　　　　）

【 イオン 】

❷ 図のように，硝酸カリウム水溶液で湿らせたろ紙の中央に塩化銅水溶液のしみをつけて電圧を加えた。次の問いに答えなさい。

☐ ❶ 電圧を加えると，青いしみは陰極側に移動した。このことから銅原子は，＋と－のどちらの電気を帯びているか。　　　（　　　　　　）

☐ ❷ ❶の電気を帯びた原子のことを何というか。

（　　　　　　　　　　　　　　　　　）

電源装置（9V）

塩化銅水溶液

陰極

陽極

硝酸カリウム水溶液で湿らせたろ紙

スライドガラス

☐ ❸ 次の文の（　）の①にあてはまる数字を，②に言葉を書きなさい。また③はあてはまる言葉を選びなさい。
銅原子が（ ① 　　　）個の（ ② 　　　）を
（ ③ 　受けとって・失って ）電気を帯びる。

・・・

✕ ミスに注意 ❶❶その操作を行わなかった場合，どうなるかを考えて書く。

💡 ヒント ❷❸銅原子はイオンになるとCu^{2+}と表す。

【 うすい塩酸の電気分解 】

❸ 図の装置で，うすい塩酸を電気分解したところ，電極A，Bに気体が発生した。これについて，次の問いに答えなさい。

□ ❶ 電極Aに発生した気体は，電極Bに発生した気体よりも少なかった。この気体は何か。

（　　　　　　　）

□ ❷ 電極Aの上部の液をスポイトでとり，赤インクで着色した水に入れるとどうなるか。

（　　　　　　　）

□ ❸ 電極Bに発生した気体の性質として適当なものを，次の⑦〜�⊥から選びなさい。　（　　　　）

　⑦ 石灰水に通すと白くにごる。

　① 火が付いた線香を入れると，線香が激しく燃える。

　⑰ 火が付いたマッチを近づけると，気体がポンと音を立てて燃える。

　⊥ 卵が腐ったような特有のにおいがする。

【 原子の構造 】

❹ 図は，ある原子の構造を示したものである。次の問いに答えなさい。

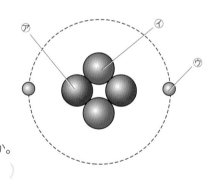

□ ❶ ⑦，①，⑰は，それぞれ何を示しているか。名称を答えなさい。ただし，⑦，⑰は電気をもっている。

　⑦（　　　　　）　①（　　　　　）　⑰（　　　　　）

□ ❷ ⑦は，＋の電気，－の電気のどちらの電気をもっているか。

（　　　　　　　）

□ ❸ 原子全体としては，電気を帯びているか。（　　　　　　　）

□ ❹ 同じ元素で，中性子の数が異なる原子を何というか。

（　　　　　　　）

元素が同じでも，中性子の数がちがうと，別の原子だよ。

・・

⊗ ミスに注意 ❸❷赤インクの色の変化について書く。

💡 ヒント ❹❸原子はふつうの状態では電気を帯びていないが，電離して電気を帯びる。

Step 1 基本チェック　**2章 電池とイオン**　10分

■ 赤シートを使って答えよう！

❶ 金属のイオンへのなりやすさ　▶ 教 p.125-132

☐ 金属の［種類］によって，イオンへのなりやすさにちがいがある。

イオンへのなりやすさ　Mg＞Zn＞Cu

❷ 電池のしくみ　▶ 教 p.133-138

☐ 物質のもっている［化学エネルギー］を，化学変化によって［電気エネルギー］に変換してとり出す装置を［電池］（化学電池）という。

☐ 電解質をとかした水溶液に2種類の金属を入れて導線でつなぐと，電流が流れる。

☐ 亜鉛と銅，硫酸亜鉛水溶液と硫酸銅水溶液を使ってつくられた電池を［ダニエル電池］という。

電子は，［亜鉛］板から［銅］板の向きに移動する。電流の向きは，電子の移動の向きと［逆］である。

亜鉛板が［－］極に，銅板が［＋］極になる。

［電子］の移動の向き　　［電流］の向き

亜鉛板　　セロハン　　銅板

Znが電子を失って［Zn^{2+}］になる。

Cu^{2+}が電子を受けとって［Cu］になる。

硫酸亜鉛水溶液　　硫酸銅水溶液

$Zn \longrightarrow [Zn^{2+}] + 2e^-$　　　$[Cu^{2+}] + 2e^- \longrightarrow Cu$

☐ ダニエル電池

❸ 日常生活と電池　▶ 教 p.139-140

☐ 電池には，充電により何度でも使える［二次］電池と，充電による再利用ができない［一次］電池がある。

☐ 水素と酸素が反応して水ができるときに発生する化学エネルギーを電気エネルギーとして直接とり出す電池を［燃料電池］という。

 テストに出る　電池の＋極と－極はどちらか，電子の移動の向きと電流の向きについてまとめておこう。

27

Step 2 予想問題 ： 2章 電池とイオン

20分
（1ページ10分）

【 金属のイオンへのなりやすさ 】

❶ 表のように，マグネシウム片，亜鉛片，銅片を用意し，3種類の水溶液を加えて，イオンになりやすさを調べてまとめた。次の問いに答えなさい。

	硫酸マグネシウム水溶液	硫酸亜鉛水溶液	硫酸銅水溶液
マグネシウム		マグネシウム片が変化し，灰色の個体が現れた。	マグネシウム片が変化し，赤色の固体が現れた。
亜鉛	変化は起こらなかった。		亜鉛片が変化し，赤色の固体が現れた。
銅	変化は起こらなかった。	変化は起こらなかった。	

☐ ❶ マグネシウム片と亜鉛片を硫酸銅水溶液に入れたとき，水溶液の色も変化した。どのように変化したか。

（　　　　　　　　　）

☐ ❷ ❶のようになったのはなぜか。簡単に書きなさい。

（　　　　　　　　　）

☐ ❸ 銅，亜鉛，マグネシウムを，イオンになりやすい順に並べ，左から順に書きなさい。　（　　　　　　　　　）

【 電池のしくみ 】

❷ 図のように，ビーカーにセロハンをとりつけ，亜鉛板と銅板をそれぞれ硫酸亜鉛水溶液と硫酸銅水溶液にさしこみ，プロペラつきモーターにつないだところ，モーターが回った。これについて次の問いに答えなさい。

亜鉛板　　　　　銅板

光電池用のプロペラつきモーター

セロハン　　硫酸亜鉛水溶液　　硫酸銅水溶液

☐ ❶ しばらくつないだままにしておいたところ，亜鉛板と銅板に変化があった。それぞれどのようになったか。

亜鉛板（　　　　　　　　　）

銅板（　　　　　　　　　）

☐ ❷ この実験から，銅と亜鉛では，どちらが陽イオンになりやすいか。

（　　　　　　　　　）

☐ ❸ 亜鉛板と銅板で，＋極になったのはどちらか。　（　　　　　　　　　）

✗ ミスに注意　❶❷なぜかと問われているので，「…から。」「…ため。」と答える。

💡 ヒント　❷❸電流は＋極から出て，導線を通って−極に流れる。

【 ダニエル電池 】

❸ 図1のように，銅板と亜鉛板の間に硫酸亜鉛水溶液と硫酸銅水溶液で湿らせたろ紙とセロハンをはさみ，図2のような装置をつくった。次の問いに答えなさい。

図1

亜鉛板
セロハン
硫酸亜鉛水溶液で湿らせたろ紙
硫酸銅水溶液で湿らせたろ紙
銅板

□ ❶ モーターが回転したことから，回路には電流が流れていることがわかる。このとき，何エネルギーが電気エネルギーに変換されたか。

（　　　　　　　）

図2

プラスチックのクリップ
電子オルゴール
光電池用のプロペラつきモーター

□ ❷ プロペラつきモーターを，電子オルゴールにかえて，同じ実験を行った。このとき，つなぎ方によっては鳴らなかった。電子オルゴールが鳴るためのつなぎ方として正しいものを，次の⑦〜⓪から選び，記号で答えなさい。

（　　　　　　　）

　⑦ オルゴールの両方の端子を銅板につなぐ。
　④ オルゴールの両方の端子を亜鉛板につなぐ。
　⑨ オルゴールの＋極を銅板に，－極を亜鉛板につなぐ。
　⓪ オルゴールの＋極を亜鉛板に，－極を銅板につなぐ。

> 電子オルゴールは，オルゴールの＋極を電池の＋極に，－極を電池の－極につないだときだけ，音が出るよ。

【 日常生活と電池 】

❹ 身のまわりにある電池について，次の問いに答えなさい。

□ ❶ 次の⑦〜⑦の電池のうち，一次電池とよばれるものを全て選び，記号で答えなさい。

（　　　　　　　）

　⑦ アルカリマンガン乾電池　　④ 鉛蓄電池
　⑨ 空気亜鉛電池　　⓪ ニッケル水素電池
　⑦ リチウムイオン電池　　⑦ リチウム電池

□ ❷ 二次電池とよばれる電池の特徴を，簡単に書きなさい。

（　　　　　　　）

□ ❸ 水の電気分解と逆の化学変化を利用した電池を何というか。

（　　　　　　　）

□ ❹ ❸の電池の化学反応式を書きなさい。

（　　　　　　　）

❌ ミスに注意　❸❶「●●エネルギー」と答える。

💡ヒント　❹❶懐中電灯やゲーム機などに使われる乾電池は，一次電池が多い。

Step 1 基本チェック ● ● 3章 酸・アルカリと塩(1)

10分

■ 赤シートを使って答えよう!

❶ 酸性やアルカリ性の水溶液の性質 ▶ 教 p.143-147

□ ［酸性］の水溶液は，次のような性質を示す。

① 青色リトマス紙を赤色に変える。

② 緑色のBTB溶液を ［黄色］ に変える。

③ pH試験紙につけると黄色～赤色になる。

④ マグネシウムなどの金属を入れると，［水素］ が発生する。

□ ［アルカリ性］ の水溶液は，次のような性質を示す。

① 赤色リトマス紙を青色に変える。

② 緑色のBTB溶液を ［青色］ に変える。

③ pH試験紙につけると青色になる。

④ フェノールフタレイン溶液を ［赤色］ に変える。

❷ 酸性やアルカリ性の性質を決めているもの ▶ 教 p.148-151

□ 電離して ［H^+］（水素イオン）を生じる物質を ［酸］ という。

□ 電離してOH⁻（［水酸化物イオン］）を生じる物質を ［アルカリ］ という。

気体がとけこむ。

電離して ［水素］イオンが生じる物質を ［酸］ という。

HCl分子が水にとけ，［H^+］とCl⁻に電離する。

$HCl \longrightarrow$ ［H^+］$+ Cl^-$

NaOHの固体が水にとけ，Na⁺と ［OH^-］ に電離する。

$NaOH \longrightarrow Na^+ +$ ［OH^-］

電離して ［水酸化物］イオンが生じる物質を ［アルカリ］ という。

□ 酸とアルカリ

❸ 酸性・アルカリ性の強さ ▶ 教 p.152-153

□ ［pH］ の値が7のとき，水溶液は ［中］ 性であり，7より小さいほど ［酸］ 性が強く，7より大きくなるほど ［アルカリ］ 性が強い。

テストに出る 酸とは何か，アルカリとは何かを文章で書けるようにしておこう。

Step
2　予想問題　：　**3章 酸・アルカリと塩(1)**

20分
（1ページ10分）

【 指示薬 】

❶ 表の各指示薬について，酸性・中性・アルカリ性を示す色を記入しなさい。また，色の変化がない場合は×を記入しなさい。

	酸性	中性	アルカリ性
赤色リトマス紙	①	②	③
青色リトマス紙	④	⑤	⑥
BTB溶液	⑦	⑧	⑨
無色のフェノールフタレイン溶液	⑩	⑪	⑫

【 酸性やアルカリ性の水溶液に共通する性質 】

❷ 図1の試験管A～Dには，うすい塩酸，うすい硫酸，水，うすい水酸化ナトリウム水溶液のいずれかが入っている。試験管A～DにBTB溶液を入れると，Bは青色，Cは緑色，A，Dは黄色になった。これについて，次の問いに答えなさい。

図1

フェノールフタレイン溶液
BTB溶液

❶ 試験管AとDの水溶液中に共通してあり，その性質を示す原因になるイオンの名称を書きなさい。また，このイオンを化学式で表しなさい。

名称（　　　　　　　）　化学式（　　　　　）

❷ 試験管Bの水溶液にある，その性質を示す原因になるイオンの名称を書きなさい。また，このイオンを化学式で表しなさい。

名称（　　　　　　　）　化学式（　　　　　）

図2

マグネシウムリボン
水溶液

❸ 試験管A～Dのうち，フェノールフタレイン溶液と反応して色が変化するのはどれか，記号ですべて書きなさい。　（　　　　　　）

❹ 図2のように，水溶液にマグネシウムリボンを入れたとき，気体が発生したものがあった。どの試験管か，記号ですべて書きなさい。

（　　　　　　）

❺ ❹で発生した気体は何か。化学式で書きなさい。　（　　　　　　）

ヒント ❷❸フェノールフタレイン溶液は，アルカリ性だけに反応する。

【 酸性やアルカリ性の性質を決めているもの 】

❸ 酸性やアルカリ性を示す元になるイオンが何であるかを調べた。次の問いに答えなさい。

硝酸カリウム水溶液で湿らせたろ紙

硝酸カリウム水溶液で湿らせたpH試験紙

電源装置の − 極へ

電源装置の ＋ 極へ

陰極　　　陽極

塩酸や水酸化ナトリウム水溶液をしみこませたろ紙

|操作1| 図のように，硝酸カリウム水溶液でろ紙とpH試験紙を湿らせ，ろ紙の両端に電圧を加えた。

|操作2| pH試験紙の上に塩酸や水酸化ナトリウム水溶液をしみこませた細いろ紙をそれぞれ置き，変化を観察した。

☐ ❶ ろ紙とpH試験紙を硝酸カリウム水溶液で湿らせたのはなぜか。簡単に書きなさい。

（　　　　　　　　　　　　　　　　）

☐ ❷ 塩酸をしみこませたろ紙を置いたとき，どのような結果になったか，次の㋐〜㋓から選びなさい。　　（　　　）
　㋐ 陰極側に赤色が広がった。
　㋑ 陰極側に青色が広がった。
　㋒ 陽極側に赤色が広がった。
　㋓ 陽極側に青色が広がった。

☐ ❸ 水酸化ナトリウム水溶液をしみこませたろ紙を置いたときは，どのような結果になったか。❷の㋐〜㋓から選びなさい。　　（　　　）

☐ ❹ 塩酸は，塩化水素が水にとけたものである。塩化水素が水溶液中で電離しているようすを，化学式で書きなさい。

（　　　　　　　　　　　　　　　　）

硝酸カリウム水溶液は中性だから，実験の結果には影響しないよ。

【 pH 】

❹ 次のpHについての記述のうち，正しいものをすべて選び，番号で答えなさい。　　（　　　　　　）

☐ ① pHは，その値が小さいほど酸性が強い。

☐ ② 中性の水溶液のpHは，7である。

☐ ③ pHが14に近い水溶液は，強い酸性を示す水溶液である。

☐ ④ レモン汁のpHは，およそ9である。

・・・

⊗|ミス に 注意 ❸❶なぜかと問われているので「…から。」「…ため。」と答える。

💡|ヒント ❹中性のpHは7である。

Step 1 基本チェック ： 3章 酸・アルカリと塩(2) 10分

■ 赤シートを使って答えよう！

❹ 酸とアルカリを混ぜたときの変化 ▶ 教 p.154-158

□ 酸にアルカリを加えて，［ 水素イオン ］ と水酸化物イオンから ［ 水 ］ が生じることにより，酸とアルカリがたがいの性質を打ち消し合う反応を ［ 中和 ］ という。

□ 中和

□ 水酸化ナトリウム水溶液に塩酸を加えて，中性にした水溶液から水を蒸発させると，［ 塩化ナトリウム ］ が得られる。この ［ 塩化ナトリウム ］ のようにアルカリの ［ 陽イオン ］ と酸の陰イオンとが結びついてできた物質を ［ 塩 ］ という。

ナトリウムイオン	+	塩化物イオン	→	塩化ナトリウム
Na⁺	+	［ Cl⁻ ］	→	［ NaCl ］

□ 塩

□ 塩には水にとけやすいものととけにくいものがある。

□ 水酸化ナトリウム水溶液に塩酸を加えると，水溶液の温度が上がる。このように，中和は ［ 発熱 ］ 反応である。

❺ イオンで考える中和 ▶ 教 p.159-161

□ 水溶液が酸性もアルカリ性も示さない状態，つまり，水溶液中に水素イオンも水酸化物イオンもなくなった状態が ［ 中性 ］ である。

□ 中和のモデル

 中和とは何か。文章と化学式で書けるようにしておこう。

物質

Step 2　予想問題　3章 酸・アルカリと塩(2)

20分
（1ページ10分）

【 こまごめピペットの使い方 】

❶ 少量の液体を必要な量だけとる器具として，こまごめピペットが使われる。これについて次の問いに答えなさい。

☐ ❶ こまごめピペットの持ち方として正しいのは㋐〜㋓のどれか。記号で答えなさい。　（　　　）

㋐ 　㋑ 　㋒ 　㋓

☐ ❷ 液体を吸いこむとき，ゴム球に流れこまないように注意する。この理由を，簡単に書きなさい。

（　　　　　　　　　　　　　　　　　　　　　　　　　）

【 酸とアルカリを混ぜたときの変化 】

❷ 図1のように，水酸化ナトリウム水溶液10cm³にフェノールフタレイン溶液を2，3滴加えた。この水溶液に，図2のように塩酸を少しずつ加えた。次の問いに答えなさい。

図1

フェノールフタレイン溶液2，3滴

水酸化ナトリウム水溶液10cm³

図2

ガラス棒

塩酸

☐ ❶ 水酸化ナトリウム水溶液は，フェノールフタレイン溶液によって赤色に変化した。これに塩酸を加えていくと，何色に変化するか。下の㋐〜㋓から選び，記号で答えなさい。　（　　　）

㋐ 青色　　㋑ 緑色　　㋒ 黄色　　㋓ 無色

☐ ❷ ❶のように色が変わったときの水溶液をスライドガラスにとり，水を蒸発させたところ，結晶が現れた。この結晶の物質名を答えなさい。

（　　　　　　　　　　　　　　　）

☐ ❸ 酸とアルカリを混ぜたときにできる，❷のような物質を何というか。

（　　　　　　　　　　　　　　　）

✖ ミスに注意　❶❷理由を問われているので，「…から。」「…ため。」と答える。

💡 ヒント　❷❶フェノールフタレイン溶液は，アルカリ性だけに反応する。

【 塩酸と水酸化ナトリウムの反応 】

❸ 図のように，うすい塩酸にマグネシウムリボンを入れたところ，気体が発生した。次の問いに答えなさい。

うすい塩酸
マグネシウムリボン

☐ ❶ 試験管に水酸化ナトリウム水溶液を加えていくと，気体の発生はどうなっていくか

☐ ❷ ❶の水溶液を入れたとき，それぞれの水溶液の性質が打ち消し合う。このような化学変化を何というか。

☐ ❸ 次の化学反応式は，❷のときに起こる反応を表したものである。①，②に当てはまる化学式を書きなさい。

H^+　＋　（　①　）　⟶　（　②　）

【 中和のモデル 】

❹ 図のAは水酸化ナトリウム水溶液100 cm³にふくまれるイオンの数を，Bは塩酸100 cm³にふくまれるイオンの数を表している。次の問いに答えなさい。

A

B

☐ ❶ AとBを混ぜ合わせると，水溶液は何性になるか。

☐ ❷ ❶で混ぜ合わせた水溶液にA，Bいずれかの水溶液をさらに加えて，水溶液を中性にした。どちらの水溶液を加えたか。

（　　　　　　　　　）の水溶液

☐ ❸ ❷のときの水溶液のpＨ（ピーエイチ）はいくつか。

☐ ❹ ❷の後，❷の水溶液をさらに加えた。このとき中和（ちゅうわ）は起こっているか。

pHの測定は，pH試験紙やpHメーターを使うよ。

・・

🔍 ヒント　❹❷中和とは，酸性の性質とアルカリ性の性質が打ち消し合う反応である。

Step 3 予想テスト　**化学変化とイオン**

30分　/100点　目標 70点

❶ 図のように，2本の炭素棒を電極として電源装置につなぎ，塩化銅水溶液の電気分解を行った。次の問いに答えなさい。技 思

□ ❶ 電流を流す前の塩化銅水溶液は，何色をしているか。

□ ❷ 陰極の電極の変化を簡単に説明しなさい。

□ ❸ 陽極の電極からはある気体が発生した。この気体の化学式を答えなさい。

□ ❹ この実験を続けると，やがて水溶液の色がうすくなった。その理由を簡単に説明しなさい。

❷ イオンになりやすさについて調べたところ，マグネシウム＞亜鉛＞銅の順でイオンになりやすいことがわかった。次の問いに答えなさい。思

□ ❶ 金属がイオンになるときは，陽イオンと陰イオンのどちらになるか。

□ ❷ 次の㋐～㋓のうち，金属片や水溶液に変化が現れるものをすべて選び，記号で答えなさい。
　㋐ 銅片を硫酸銅水溶液に入れる。
　㋑ 銅片を硫酸マグネシウム水溶液に入れる。
　㋒ マグネシウム片を硫酸亜鉛水溶液に入れる。
　㋓ 亜鉛片を硫酸銅水溶液に入れる。

□ ❸ 無色透明の硝酸銀水溶液に銅線を入れたところ，銀色の結晶が現れ，硝酸銀水溶液が青色になった。この結果から，銅と銀では，どちらがイオンになりやすいといえるか。

❸ 図は，ダニエル電池を模式的に表したものである。次の問いに答えなさい。技

□ ❶ プロペラ付きモーターをつなげたままにしておくと，亜鉛板と銅板はどのようになったか。それぞれ簡単に書きなさい。

□ ❷ －極になっているのは，亜鉛板，銅板のどちらか。

□ ❸ 次の式は，亜鉛板の表面で起こっている反応である。①にはあてはまる化学式を，②にはあてはまる数字を書きなさい。

$$Zn \longrightarrow (\ ①\ ) + (\ ②\ )e^-$$

❹ 塩酸にBTB溶液を加えると黄色になった。ここへ水酸化ナトリウム水溶液をこまごめピペットで少しずつ加えていきながら，水溶液の色の変化を調べた。次の問いに答えなさい。思

☐ ❶ BTB溶液の色から，塩酸は酸性であるとわかる。塩酸は，塩化水素という酸が水にとけたものである。「酸」とはどのような物質のことをいうか。「電離」「イオン」という言葉を用いて，簡単に書きなさい。

☐ ❷ 水酸化ナトリウム水溶液を3滴加えたときに，ちょうど中性になった。このとき水溶液は何色になったか。また，このときのpHはいくつか。

☐ ❸ このまま水酸化ナトリウム水溶液を加えていくと，水溶液は青色に変化した。この実験において，中和が起こっているのは次の㋐〜㋒のうちのどれか。すべて選び，記号で答えなさい。
㋐ 水酸化ナトリウムを1滴加えたとき。
㋑ 水酸化ナトリウムを3滴加えたとき。
㋒ 水酸化ナトリウムを4滴加えたとき。

❺ 図は，水酸化バリウム水溶液中にあるバリウムイオンのようすを表したものである。

水酸化バリウム水溶液

☐ ❶ 水酸化バリウム水溶液中にある陰イオンの種類とその数を，解答欄の図にかき入れなさい。

☐ ❷ このビーカーに硫酸を加えたところ，白い沈殿が生じた。この物質は何か。化学式で書きなさい。

☐ ❸ ❷のように，アルカリの陽イオンと酸の陰イオンが結びついてできた物質を何というか。

❶ 各5点	❶		❷	
	❸		❹	

❷ 各5点	❶		❷		❸

❸ 各6点	❶亜鉛板				
	❶銅板				
	❷		❸①	②	

❹ 各5点	❶			
	❷色	pH	❸	

❺ 各5点	❷		❸	

❶ ╱20点　❷ ╱15点　❸ ╱30点　❹ ╱20点　❺ ╱15点

Step 1　基本チェック　1章 力の合成と分解　⏱ 10分

■ 赤シートを使って答えよう！

❶ 水中の物体にはたらく力　▶ 教 p.178-180

☐ 水にはたらく重力によって生じる圧力を [水圧] という。この圧力は，水の深さが [深い] ほど大きく，[あらゆる] 向きからはたらく。

☐ 水中の物体にはたらく重力とは反対の力を [浮力] という。その大きさは，深さには [関係しない]。

水中の物体には，[あらゆる] 向きから [水圧] がはたらく。深いほど [大きい]。

上面と下面にはたらく力の [差] なので，深さに関係なく大きさは同じ。

この差が [浮力]

☐ 水中の物体にはたらく力

❷ 力の合成　▶ 教 p.182-187

☐ 2つの力と同じはたらきをする1つの力を求めることを [力の合成] といい，合成して求めた力を [合力] という。

☐ 角度をもってはたらく2力の合力は，2力を表す矢印を2辺とする [平行四辺形] の [対角線] で表される。これを [力の平行四辺形] の法則という。

☐ 1つの物体に2力が角度をもってはたらいても動かないときは，合力とつり合う別の力がはたらき，3力が [つり合っている]。

F_1とF_2の力が同じでも，角度によって [合力] F_3の大きさは変わってくる。

(a) F_1 F_3 O F_2　(b) F_1 F_3 O F_2

(c) O F_1 F_3 F_2　F_1 [＋] F_2

(d) F_2 O F_3 F_1　F_1 [−] F_2

☐ 力の合成

❸ 力の分解　▶ 教 p.188-189

☐ 1つの力を，これと同じはたらきをする2つの力に分けることを [力の分解] といい，求めた力をもとの力の [分力] という。

☐ もとの力を対角線とする [平行四辺形] のとなり合う2辺が分力になる。

F_2 F_1とF_2の合力 F_1　　Fの分力F_2 F Fの分力F_1

☐ 力の分解　Fの [分力]

テストに出る　合力と分力は作図の問題がよく出る。かけるようにしておこう。

Step 2 予想問題 : **1章 力の合成と分解**

30分
（1ページ10分）

【 水圧 】

❶ 図のように，ゴム膜a〜fのへこみ方によって水圧を比べる実験を行った。次の問いに答えなさい。ただし，右の図のゴム膜のへこみ方は，実験の結果ではない。

☐ ❶ aとbでは，どちらのゴム膜のほうがへこむか。　（　　　　　　）

☐ ❷ a〜fのうち，ゴム膜のへこみ方が同じなのは，どれとどれか。
（　　　と　　　）

☐ ❸ a〜fのうち，もっとも大きな水圧を受けるのはどれか。
（　　　　　　　）

【 水圧と浮力 】

❷ 図のように，おもりが空気中にあるときと，水中に入れたときのばねばかりが示す値を調べたところ，下の表のようになった。次の問いに答えなさい。

	ばねばかりが示す値（N）
空気中	0.57
水中（浅い）	0.17
水中（深い）	0.17

☐ ❶ 水中にあるおもりにはたらく水圧はどのようになっているか，次の⑦〜㋐から選びなさい。　（　　　　　）

☐ ❷ 水中のおもりにはたらく浮力と深さの関係はどうなっているか。
（　　　　　　　　　　　　　）

☐ ❸ 水中のおもりにはたらく浮力は何Nか。　（　　　N　）

· ·

ヒント ❶❷水圧は，その物体の上にある水の重さによって生じる圧力である。

ミスに注意 ❷❸水中でのばねばかりが示す値を浮力とまちがえないようにする。

【 力の合成−作図 】

❸ 図の①〜⑥は，それぞれ点Oにはたらく2力を表したものである。

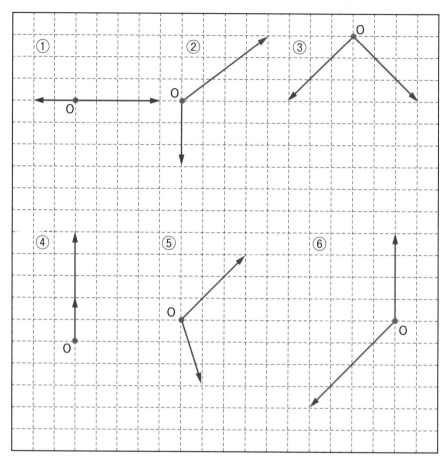

☐ ❶ ①〜⑥の2力の合力を，それぞれ作図しなさい。

☐ ❷ ①〜⑥の合力の大きさは，それぞれ何Nか。ただし，方眼の1目盛りの
大きさは，1Nを表すものとする。

①（　　　　　）　②（　　　　　）　③（　　　　　）

④（　　　　　）　⑤（　　　　　）　⑥（　　　　　）

三角定規を2つ使うと，
平行四辺形をかきやす
いよ。

・・・

🔦 ヒント ❸平行四辺形の対角線が合力である。

❌ ミスに注意 ❸三角定規を2つ使って，平行な線を引く。

　　　　　　　　　　　　　　　　　　　　　　　　　　　　[解答 ▶ p.12]

【 3力のつり合い 】

❹ 図1のように，リングにばねばかりA
とばねばかりBと糸を取りつけ，リン
グの位置が動かないように，それぞれ
力を加えた。次の問いに答えなさい。

□ **❶** リングが動かないように糸がリングを
引く力を，図2にかきなさい。

□ **❷** ❶のとき，糸がリングを引く力は何N
か。ただし，方眼の1目盛りの大きさ
は1Nを表すものとする。

$$(\qquad\qquad N)$$

図1

糸がリング
を引く力

図2

3つの力がつり合って
いるとき，リングは動
かないよ。

エネルギー

【 力の分解-作図 】

❺ 次の①〜④の力*F*を，それぞれAの方向とBの方向の力に分解しなさ
□ い。

①

②

③

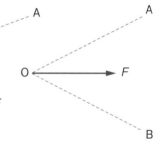

④

・・・

💡 ヒント ❹❶リングが動かないためには，A，Bの合力とつり合う力で引けばよい。

✖ ミスに注意 ❺三角定規を2つ使って，平行な線を引く。

Step 1　基本チェック　2章 物体の運動⑴

10分

■ 赤シートを使って答えよう！

❶ 運動の表し方　▶教 p.191-194

□ 物体の運動のようすを表すには ［ 速さ ］ と運動の ［ 向き ］ を示す。

□ 運動してる物体が ［ 一定時間 ］ に移動する ［ 距離 ］ を速さという。

□ 速さの単位は，メートル毎秒（記号 ［ m/s ］）や ［ キロメートル毎時 ］ （記号km/h）などが使われる。

□ 速さ〔m/s〕＝ $\dfrac{［ 移動距離 ］〔m〕}{移動にかかった［ 時間 ］〔s〕}$

□ 物体がある時間の間，同じ速さで動き続けたと考えたときの速さを ［ 平均の速さ ］ という。時間間隔をごく短くしたときの速さを ［ 瞬間の速さ ］ という。

自動車のスピードメーターが示す値は，瞬間の速さだよ。

❷ 水平面上での物体の運動　▶教 p.195-199

□ 運動している物体に力がはたらかないときは，物体は ［ 一定 ］ の速さで ［ 一直線 ］ 上を動き続ける。この運動を ［ 等速直線運動 ］ という。

□ 物体に力がはたらかないときや力がつり合っているときは，静止している 物体は ［ 静止 ］ を続け，動いている物体は ［ 等速直線運動 ］ を続ける。 これを ［ 慣性の法則 ］ といい，物体がもっているこのような性質を ［ 慣性 ］ という。

□ 摩擦のある水平面上で物体の速さが小さくなるのは，物体の運動の向きと 逆向きに ［ 摩擦力 ］ がはたらくためである。

（a）時間と速さの関係

速さは［ 一定 ］

（b）時間と移動距離の関係

移動距離は経過した時間に ［ 比例 ］

□ 等速直線運動をする物体の速さと移動距離

テストに出る　平均の速さを求める問題はよく出る。単位に注意して計算しよう。

Step 2 予想問題 **2章 物体の運動(1)**

20分
（1ページ10分）

【 速さと移動距離 】

❶ 速さについて，次の問いに答えなさい。

☐ ❶ 「速さ〔m/s〕」を，「移動にかかった時間〔s〕」，「移動距離〔m〕」を使って，関係式で表しなさい。

速さ〔m/s〕=（　　　　　　　　　　　　　）

☐ ❷ 自動車Aは，240 kmの距離を4時間かけて走り，自動車Bは210 kmの距離を140分かけて走った。
　　① 自動車Aの平均の速さを，km/hの単位で求めなさい。
　　　（　　　　　　km/h）
　　② 自動車Bの平均の速さを，m/sの単位で求めなさい。
　　　（　　　　　　m/s）
　　③ 自動車AとBでは，どちらが速いか。　（　　　　　　）

☐ ❸ 平均の速さが60 km/hで走る自動車で，192 km離れた町まで行くとき，かかる時間はいくらか。　（　　時間　　分）

☐ ❹ 平均の速さが120 km/hで走る特急電車に，2時間40分乗ったとき，何km移動したか。　（　　　　km）

> 速さとは，一定の時間に移動する距離のこと。平均の速さとはある時間，同じ速さで移動したと考えたときの速さだよ。

エネルギー

【 運動の記録 】

❷ 図は，台車のいくつかの運動を，それぞれ記録タイマーでテープに打点したものである。次の❶〜❺の運動を表しているテープを選び，㋐〜㋔の記号で答えなさい。

◀── テープの移動方向

㋐ `· · · · · · · · · · · · · · · ·`
㋑ `·  ·  ·  ·   ·   ·    ·    ·`
㋒ `· · · · · · · · · · · · · · ·`
㋓ `·  ·  ·  ·  ·  · · · · · ··`
㋔ `·  ·   ·   ·    ·    ·`

☐ ❶ 台車の速さが，だんだん小さくなっていく運動。
　（　　　　）

☐ ❷ 平均の速さがもっとも大きい運動。　（　　　　）

☐ ❸ 速さが変わらない運動。　（　　　）

☐ ❹ 速さがだんだん大きくなり，一定の大きさになる運動。
　（　　　　）

☐ ❺ 速さが一定の大きさから，だんだん小さくなっていく運動。
　（　　　　）

··

⊗｜ミスに注意 ❶公式から，速さ，距離，時間をそれぞれ求められるようにしよう。

💡｜ヒント ❷②速さが大きいほど，打点と打点の間が広くなる。

【 物体に一定の力がはたらき続けるときの運動 】

❸ 図のように，記録タイマーをはりつけた力学台車におもりをつないだ糸をとりつけ，クランプつき滑車にかけた。台車から手をはなし，滑車にぶつかる前に止めた。次の問いに答えなさい。

□ ❶ 台車の速さは，どうなったか。次の⑦〜⑦から選び，記号で答えなさい。　（　　　）
　⑦ 一定の割合で小さくなっていった。
　⑦ 一定の割合で大きくなっていった。
　⑦ 変化しなかった。

□ ❷ 時間と移動距離の関係をグラフにしたとき，どのようになるか。次の⑦〜⑦から選び，記号で答えなさい。　（　　　）

□ ❸ おもりを重いものにとりかえて，同じ実験を行った。このとき，速さが変化する割合はどうなるか。　（　　　　　）

【 物体に力がはたらかないときの運動 】

❹ 水平でなめらかな机の上で台車を動かし，その動きを1秒間に60回打点する記録タイマーを使って調べたところ，次の記録テープのようになった。図のA〜Kは各打点を示し，A点が動きはじめの打点である。下の問いに答えなさい。

打点間の距離〔cm〕

□ ❶ 台車はA点から動きはじめ，しばらく手で押された後，手を離れて転がっていった。手で押した時間は何秒間か。

　（　　　　　　　）

□ ❷ D点以降の台車の速さを求めなさい。　（　　　　　）

□ ❸ D点以降の台車の運動を何というか。　（　　　　　）

□ ❹ D点以降の台車の運動は，まわりから力がはたらかないかぎり，このままの運動状態が続く。このような性質を何というか。　（　　　　　）

・・

ヒント ❸おもりには，重力（物体を地球の中心に向かって引っぱる力）がはたらいている。

ミスに注意 ❹❶記録タイマーの結果から時間を求めるとき，1秒間に何回打点するかに注意。

Step 1 基本チェック ：2 章 物体の運動(2) ⏱ 10分

■ 赤シートを使って答えよう!

❸ 斜面上の物体の運動　▶ 教 p.200-205

□ 斜面上を下る台車の速さは，一定の割合でしだいに ［ 大きく ］ なる。これは，
台車には運動の ［ 向き ］ に，同じ大きさの力がはたらき続けているからである。

□ 斜面上に置いた台車にはたらく重力は，斜面に ［ 垂直 ］ な分力と，
斜面に ［ 平行 ］ な分力に分解できる。

□ 斜面に垂直な分力は，斜面からの ［ 垂直抗力 ］ とつねにつり合っており，
台車の運動に関係する力は，斜面に ［ 平行 ］ な分力だけである。

台車の運動に関係している力。
斜面の傾きが大きくなると，
［ 大きく ］ なる。

斜面に平行な分力

斜面からの垂直抗力

［ つり合って ］ いる。

斜面に垂直な分力

重力

□ **斜面上の物体にはたらく力**

□ 斜面の傾きが最大になると，物体は静止した状態から鉛直下向きに落下する。
このときの運動は ［ 自由落下 ］ といい，速さのふえ方がもっとも大きい。

❹ 物体間での力のおよぼし合い　▶ 教 p.206-207

□ 作用と反作用は，2 つの物体間で ［ 同時 ］ にはたらき，大きさは ［ 等しく ］，
一直線上で向きは ［ 反対 ］ である。これを ［ 作用・反作用 ］ の法則という。

床が箱を押す力
（垂直抗力）

箱にはたらく力

たがいに異なる物体にはたらく力

箱が床を押す力

床にはたらく力

対になって同時にはたらく。
大きさは
［ 等しい ］。
一直線上で向きは
［ 反対 ］。

□ **2 つの物体間で対になってはたらく力**

 テストに出る　斜面上にある物体にはたらく力を作図する問題がよく出る。

Step 2 予想問題 ● **2章 物体の運動(2)**

20分
(1ページ10分)

【 斜面上の物体の運動 】

❶ 図1のように，斜面を下りる台車の運動を，1秒間に60回打点する記録タイマーを使って調べた。図2は打点された記録テープを，下りはじめた点から6打点ごとに切りとったものを順に並べたものである。次の問いに答えなさい。

図1

記録タイマー

斜面

台車

□ **❶** この台車が斜面を下りはじめてから，0.1秒間に動いた距離は何cmか。

（　　　　　　　　）

図2

2.4 cm　7.2 cm　12.0 cm　16.8 cm　21.6 cm

□ **❷** 表は，この台車の運動をまとめたものである。表の①〜④に適する数値を答えなさい。

下りはじめてからの時間〔s〕	0	0.1	0.2	0.3	0.4	0.5
6打点間の距離〔cm〕		2.4	7.2	12.0	16.8	21.6
6打点間の平均の速さ〔cm/s〕		①	②	③	④	216

① （　　　　　）　② （　　　　　）　③ （　　　　　）　④ （　　　　　）

□ **❸** ❷の表をもとにして，この台車の運動について，時間と速さの関係のグラフを右の図に表しなさい。

□ **❹** この台車が斜面を下りはじめてから0.3秒後の瞬間の速さは，何cm/sか。（　　　　　　）

□ **❺** 斜面の傾きを大きくして同じような実験をすると，台車にはたらく力や，時間と速さの関係のグラフはどのようになるか。次の⑦〜⑤から選び，記号で答えなさい。

（　　　　）

⑦ 斜面に平行な分力が大きくなるので，グラフの傾きも大きくなる。
⑦ 斜面に平行な分力が小さくなるので，グラフの傾きも小さくなる。
⑦ 斜面に垂直な分力が大きくなるので，グラフの傾きも大きくなる。
⑤ 斜面に垂直な分力が小さくなるので，グラフの傾きも小さくなる。

❶ ヒント ❶❺斜面の傾きが大きくなると分力はどうなるか，作図してみよう。

❶ ミスに注意 ❶❸点と点をつなぐ折れ線グラフではなく，直線でかく。

【 斜面上ではたらく力 】

❷ 図のような，角度30°の斜面に質量1 kgの台車を置き，A
点，B点で斜面下向きの力を調べた。続いて，斜面の角
度を45°に変えて斜面下向きの力を調べた。次の問いに
答えなさい。

斜面下向きの力

5N
B
30°
A
台車にはたらく重力
（台車の質量＝1kg）
10N

□ **❶** 角度30°の斜面のA点で，斜面下向きの力をはかると，5 N
であった。B点では何Nになるか。　（　　　　　　　）

□ **❷** 角度45°の斜面で，台車にはたらく斜面下向きの力をはかると，7 Nであ
った。角度をさらに60°にすると，力はどうなるか。次の㋐～㋓から選び，
記号で答えなさい。　（　　　　　　　）

　㋐　5 N　　　㋑　7 N　　　㋒　9 N　　　㋓　11 N

□ **❸** 斜面上に台車を置いて手を離すと，台車は下向きに動き出す。その理由
を説明しなさい。　（　　　　　　　　　　　　　）

□ **❹** ❸の運動は，しだいに速くなっていく。その理由を説明しなさい。
　（　　　　　　　　　　　　　　　　　　　）

□ **❺** ❸の運動は，斜面の傾きを大きくすると，より速さのふえ方が大きくな
る。その理由を説明しなさい。
　（　　　　　　　　　　　　　　　　　　　）

> 斜面下向きの力は，重力の分力だよ。

【 作用と反作用 】

❸ スケートボードに乗ったAさんが，なめらかな水平面
上で，図1のように壁を押し，図2のように砲丸を投
げた。次の問いに答えなさい。

図1
壁
Aさん

図2
a　b
砲丸

□ **❶** 次の文の（　）に適切な言葉を書きなさい。
　　図1でAさんが壁を押すと，壁はAさんを押し返す。
この力は，Aさんが押した力と①（　　　　　　）大き
さで，向きは②（　　　　　　）である。このとき，Aさんが壁を押した力を
③（　　　　　　）といい，壁がAさんを押し返す力を④（　　　　　　）という。

□ **❷** 図2で，Aさんにはたらく力の向きをa，bで答え，その後の運動を説
明しなさい。
　　記号（　　　）　その後の運動（　　　　　　　　　　）

□ **❸** それぞれスケートボードに乗った2人が綱引きをしている。2人はどの
ように動くか。　（　　　　　　　　　　　）

・・

⊗|ミスに注意 ❷❸❹❺理由を問われているので「…から。」「…ため。」と答える。

💡|ヒント ❸❶2つの物体間で対になってはたらく力である。

Step 1　基本チェック　3章 仕事とエネルギー(1)

⏱ 10分

■ 赤シートを使って答えよう！

❶ 仕事　▶教 p.209-213

☐ 理科では，物体に力を加えて，その力の向きに物体を動かしたときに，その力は物体に対して［仕事］をしたという。

☐ 仕事は［熱量］の単位と同じ［ジュール］（記号 J）を使う。

☐ 仕事〔J〕＝［力の大きさ］〔N〕×力の向きに動いた距離〔m〕

☐ 物体を持ち上げるときには，重力にさからって物体に［仕事］をする。
このとき，仕事の量は，物体の重さ〔N〕×［持ち上げた高さ］〔m〕となる。

☐ 摩擦のある水平な面で物体をすべらせるとき，摩擦力にさからってする仕事の量は，
摩擦力の大きさ〔N〕×［物体の動いた距離］〔m〕となる。

☐ 斜面やてこ，動滑車を使って物体を動かすとき，加える［力］は少なくてすむが，動かす［距離］が長くなる。このように，道具を使っても使わなくても，仕事の量は［変わらない］。これを［仕事の原理］という。

仕事の例

力の向きに動いた距離
3m

加えた力
50N

仕事 →　50N×3m＝［150］J

仕事をしたことにならない例

200N

仕事 →　200N×0m＝［0］J

☐ 仕事

☐ 一定時間（単位時間）にする仕事を，［仕事率］という。［仕事率］の単位はJ/s（ジュール毎秒）であり，これを［ワット］（記号W）という。
1W＝［1］J/s

☐ 仕事率〔W〕＝ $\dfrac{［仕事］〔J〕}{仕事にかかった時間〔s〕}$

テストに出る　仕事や仕事率の計算はよく出る。計算のときは単位に気をつけよう。

Step 2 ___予想問題___ ・・ **3章 仕事とエネルギー(1)**

20分
(1ページ10分)

※質量100 gの物体にはたらく重力の大きさを1 Nとして，各問いに答えなさい。

【平面上でする仕事 】

❶ 図のように，摩擦（まさつ）のある平面上で 5 Nの力で物体をゆっくり一定の 速さで10 m動かした。次の問いに 答えなさい。

□ ❶ この力がした仕事（しごと）はいくらか。　　　　　　　　（　　　　　　　）

□ ❷ このとき，摩擦力（まさつりょく）の大きさはいくらか。　　（　　　　　　　）

□ ❸ 力を4 Nにすると，物体は動かなかった。このときの力がした仕事はい くらか。　　　　　　　　　　　　　　　　　　　　（　　　　　　　）

【 仕事 】

❷ 仕事について，次の問いに答えなさい。ただし，**質量100 gの物体に はたらく重力の大きさを1 Nとする。**

□ ❶ 質量200 gの物体をゆっくり一定の速さで高さ 1 mまで持ち上げたとき の仕事の量はいくらか。　　（　　　　　　　）

□ ❷ 綱引き（つな）で，10 mの差で勝負がついた。そのときの綱にかかる力を調べ たら2000 Nであった。勝ったチームがした仕事の量はいくらか。

（　　　　　　　）

□ ❸ 重量あげで，200 kgのバーベルを 1 秒間，頭の上で支え続けたときの仕 事の量はいくらか。　　（　　　　　　　）

【 摩擦にさからう仕事 】

❸ 図のように，床の上の物体をばねばかりでゆっく り一定の速さで引くと，3 Nを示した。この値（あたい）の まま物体を30 cm引いて移動させた。次の問いに 答えなさい。ただし，図の矢印は物体を引く力を示している。

□ ❶ 物体にはたらく摩擦力を示す力の矢印を，図にかき加えなさい。

□ ❷ 物体にした仕事は何 Jか。　　（　　　　　　　）

・・・

🔦 **ヒント** ❶❷摩擦のある床の上で物体を動かし続けるには，摩擦力と反対向きの力が必要。

❌ **ミスに注意** ❸❶摩擦がはたらく場所にかく。

【 滑車を使わない仕事・使った仕事 】

❹ 図のようにして，300 gの物体を30 cmの高さまでゆっく
り一定の速さで持ち上げた。次の問いに答えなさい。なお，
ひもや動滑車の質量は考えないものとする。

□ ❶ 図1，図2のばねばかりは，それぞれ何Nを
示すか。　　図1（　　　　　　）　　図2（　　　　　　　　）

□ ❷ 図1，図2でひもを引いた距離は，それぞれ何mか。
図1（　　　　　　）　　図2（　　　　　　）

□ ❸ 図1，図2での仕事の大きさは，それぞれ何Jか。
図1（　　　　　　）　　図2（　　　　　　）

□ ❹ 図1のように，動滑車を使わなかった場合と，図2のように動滑車を使
った場合の仕事の大きさについて，簡単に説明しなさい。
（　　　　　　　　　　　　　　　　　　　　　　　　）

□ ❺ 仕事における❹の関係を何というか。　　（　　　　　　　　）

【 斜面を使った仕事 】

❺ 図のように，10 kgの物体を直接AからBまでゆっ
くり一定の速さで3 m引き上げた。また，同じ
10 kgの物体を摩擦のない斜面にそってCからDま
で60 Nの力で引き上げた。次の問いに答えなさい。

□ ❶ AからBまで物体を引き上げたときの仕事の量は
何Jか。　　　（　　　　　　　）

□ ❷ 斜面CDの長さは何mか。　　（　　　　　　　）

【 仕事と仕事率 】

❻ 図は滑車を使って質量30 kgの物体を2 mの高さまでゆっくり
一定の速さで引き上げるようすである。次の問いに答えなさい。

□ ❶ 物体にした仕事の大きさは何Jか。　　（　　　　　　　）

□ ❷ 物体を2 m引き上げるために，Aさんはひもを何m引き下げたか。
（　　　　　　　）

□ ❸ Aさんがひもを引いた力の大きさは何Nか。　　（　　　　　　　）

□ ❹ 物体を10秒間で引き上げたとすると，このときの仕事率は何Wか。
（　　　　　　　）

┄┄┄

【✕｜ミスに注意】❹公式を変形するときにミスをしないように注意する。

【💡ヒント】❺❷斜面を使っても使わなくても，仕事の量は変化しない。

［解答 ▶ p.14］

Step 1 基本チェック ▶ **3章 仕事とエネルギー(2)** 10分

■ 赤シートを使って答えよう！

❷ エネルギー ▶教 p.214-218

物体はエネルギーをもっている。

エネルギーが [ふえる]。

落ちるとき，ほかの物体に仕事をする。

外から物体に仕事をする。

エネルギーが [減る]。

□ 仕事をする能力のことを [エネルギー] という。ある物体が他の物体に対して仕事ができる状態にあるとき，その物体は [エネルギー] をもっているという。

□ 高いところにある物体がもっているエネルギーを [位置エネルギー] といい，物体の高さが [高い] ほど，また物体の [質量] が大きいほど大きくなる。

□ 運動している物体がもっているエネルギーを [運動エネルギー] という。

□ 運動エネルギーは，物体の [速さ] が大きいほど，また物体の [質量] が大きいほど大きくなる。

□ **仕事とエネルギー**

❸ 位置エネルギーと運動エネルギー ▶教 p.219-220

□ 物体のもつ位置エネルギーと運動エネルギーの和を，[力学的エネルギー] という。

□ 摩擦力や空気の抵抗がなければ，物体のもつ力学的エネルギーは [一定] に保たれる。これを [力学的エネルギー保存] の法則という。

□ 落下する物体では， 落下にともない [位置] エネルギーが減少し，物体の速さがふえるので，その分だけ，[運動] エネルギーがふえる。

[位置]エネルギー

[運動]エネルギー

[力学的]エネルギー

AとI…止まる。
B〜E…Aより [位置] エネルギーが減った分，[運動] エネルギーがふえる。
E………速さが最大。
F〜I…Eより [運動] エネルギーが減った分，[位置] エネルギーがふえる。

□ **位置エネルギーと運動エネルギー**

 テストに出る 位置エネルギーと運動エネルギーの特徴，力学的エネルギーの保存はよく出る。

Step 2 　__予想問題__　·· **3章 仕事とエネルギー(2)**

20分
（1ページ10分）

【 物体がもつエネルギーと高さや質量 】

❶ 図のような装置で，おもりの高さと質量を変えてくいに当て，くいの移動距離を調べた。次の問いに答えなさい。

□ ❶ AとBを比較すると，くいの移動距離が大きいのはどちらか。　　（　　　　　）

□ ❷ BとCを比較すると，くいの移動距離が大きいのはどちらか。　　（　　　　　）

□ ❸ このような，高いところにある物体がもっているエネルギーを何というか。　（　　　　　）

【 物体がもつエネルギーと速さや質量 】

❷ 図1のような装置を使って，小球の速さを変えてくいの移動距離を調べた。次に，小球の質量を変えて同じ実験を行い，結果をグラフにまとめたものが図2である。次の問いに答えなさい。

図1　小球の速さを変えて
　　　打ち出す発射装置

□ ❶ 図2から，小球の速さとくいの移動距離には，どのような関係があるか。

（　　　　　　　　　　　　　　　　　）

□ ❷ 図2から，小球の質量とくいの移動距離には，どのような関係があるか。

（　　　　　　　　　　　　　　　　　）

□ ❸ このような，運動する物体がもつエネルギーを何というか。　（　　　　　）

図2

・・

❗ヒント ❷❷図2より，同じ速さのときの，小球の質量とくいの移動距離を比べる。

［解答▶p.15］

【 振り子とエネルギー 】

❸ 図のように，振り子がAからEへ動くときについて，次の問いに答えなさい。

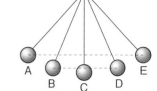

□ ❶ 振り子のおもりの位置エネルギーが最大になるのはどこか。あてはまるものの記号をすべて書きなさい。　（　　　　　）

□ ❷ 位置エネルギーが増加し，運動エネルギーが減少しているのはどの区間か。　（　　　）〜（　　　）

□ ❸ BとCで，運動エネルギーが大きいのはどちらか。　（　　　　　）

□ ❹ Aでの運動エネルギーと同じ大きさの運動エネルギーをもっているのはB〜Eのどこか。記号で答えなさい。　（　　　　　）

□ ❺ 位置エネルギーと運動エネルギーの和を何というか。
（　　　　　　　　　　　　　）

【 物体がもつエネルギー 】

❹ 図のように，振り子を天井から下げた位置の真下に細いくいを打ち，おもりがBに達した後の糸の長さが変わるようにした。次の問いに答えなさい。ただし，摩擦や空気の抵抗がないものとする。

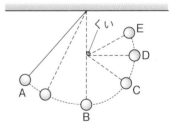

□ ❶ 振り子のおもりがBを通過した後，どの位置まで上がるか。図のC〜Eから選び，記号で答えなさい。　（　　　　　）

□ ❷ ❶のようになったのはなぜか。「エネルギー」という語と用いて，簡単に書きなさい。
（　　　　　　　　　　　　　　　　　　　　　　　）

□ ❸ ❷のようになることを何の法則というか。
（　　　　　　　　　　　の法則）

・・

💡ヒント ❸❷運動エネルギーが減るということは，速さが小さくなるということである。

❌ミスに注意 ❹❷指定された語は必ず用いること。

Step 1 基本チェック 4章 多様なエネルギーとその移り変わり

10分

■ 赤シートを使って答えよう！

❶ エネルギーの種類 ▶ 教 p.221-223

☐ 熱によって発生した水蒸気は，物体を動かすことができるので，［ 熱 ］は
エネルギーの一種であり，［ 熱 ］エネルギーという。

☐ 光電池に光を当てると［ 電気 ］が流れ，物体を動かすことができる。こ
のようなエネルギーを［ 光 ］エネルギーという。

☐ 音がもっているエネルギーを［ 音 ］エネルギーという。

☐ 変形した物体がもつエネルギーを［ 弾性 ］エネルギーという。

☐ 原子核の反応（核分裂など）で得られるエネルギーを［ 核 ］エネルギー
という。

❷ エネルギーの変換と保存 ▶ 教 p.224-228

☐ エネルギーを変換して利用するとき，すべてを
目的のエネルギーには変換できない。もとのエ
ネルギーから目的のエネルギーに変換された割
合を［ 変換効率 ］という。

☐ エネルギーはたがいに変換できるが，その総量
は［ 変化 ］しないで，つねに［ 一定 ］に保
たれる。これを［ エネルギー保存 ］の法則
という。

☐ エネルギーの移り変わり

❸ 熱の移動 ▶ 教 p.229

☐ 熱の伝わり方には，異なる物体が接して
熱が伝わる［ 熱伝導（伝導）］や，液
体や気体が流動して熱が伝わる［ 対流 ］，
光や赤外線によって熱が移動する現象の
［ 熱放射（放射）］がある。

☐ 熱の伝わり方

 何エネルギーから何エネルギーへ変換されたかを問う問題がよく出る。

Step 2 予想問題 · 4章 多様なエネルギーとその移り変わり

30分
（1ページ10分）

【 いろいろなエネルギー 】

❶ 次の文で, はじめにもっているエネルギーの種類を答えなさい。

☐ ❶ 加熱して生じた水蒸気（すいじょうき）が物体を動かす。 （　　　　　　　　　）

☐ ❷ 光電池（こうでんち）に太陽光を当てると電気が流れる。 （　　　　　　　　　）

☐ ❸ 都市ガスを燃やすと熱が発生する。 （　　　　　　　　　）

☐ ❹ 水を高いところから流して発電する。 （　　　　　　　　　）

☐ ❺ トランポリンを使って高く飛び上がる。 （　　　　　　　　　）

【 エネルギーの変換 】

❷ 手回し発電機を使って, 次の実験1, 2のような実験を行った。後の問いに答えなさい。

図1
滑車つきモーター
おもり

実験1 図1のように, 滑車つきモー（かっしゃ）ターにおもりをとりつけ, 手回し発電機につなぎ, ハンドルを回しておもりを持ち上げた。

実験2 図2のように, 2台の手回し発電機をつなぎ, 発電機Aのハンドルを回したところ, 発電機Bのハンドルが回った。

図2
A　　　B

☐ ❶ **実験1**で, 手回し発電機のハンドルを回すとモーターが回転した。このとき, 運動エネルギーは何エネルギーに変換（へんかん）されたか。

（　　　　　　　　　）

☐ ❷ **実験1**で, 引き上げられたおもりを落としたとき, 手回し発電機のハンドルはどうなったか。 （　　　　　　　　　）

☐ ❸ **実験2**で, Bのハンドルの回転数はAの回転数よりも少なかった。これはなぜか。 （　　　　　　　　　）

💡 ヒント ❷手回し発電機は, ハンドルを回して, 内部にあるコイルを回転させ, 電流をつくる。

❌ ミスに注意 ❷❸なぜかと問われているので,「…から。」「…ため。」と答える。

【 エネルギーの変換と保存 】

❸ 次の図は，Kさんが自分の家で利用しているエネルギーがどのよう
にして得られているかをまとめたものである。次の問いに答えなさい。

□ ❶ 図のAにあてはまる言葉を，次の⑦〜⑦から選び，記号で答えなさい。
（　　　）

⑦　位置　　④　運動　　⑦　熱　　⑤　光　　⑦　化学

□ ❷ Aのエネルギーを化学エネルギーに変える植物のはたらきを，何という
か。　（　　　　　　）

□ ❸ 図のBにあてはまる言葉を，❶の⑦〜⑦から選び，記号で答えなさい。
（　　　）

□ ❹ 電気エネルギーをおもに熱エネルギーに変えて利用している器具を，次
の⑦〜⑤から選び，記号で答えなさい。　（　　　）
⑦　扇風機　　④　電灯　　⑦　電気ポット　　⑤　テレビ

□ ❺ ウランなどの原子核が核分裂するときに出る核エネルギーを利用して水
を沸騰させ，水蒸気の力で発電機を回して発電する方法を何発電という
か。　（　　　　　発電）

□ ❻ ❺の発電では，エネルギーはどのように変換されるか。次の（　　）に
あてはまる言葉を書きなさい。
核エネルギー　→　（　　　）エネルギー　→　電気エネルギー

□ ❼ エネルギーのすがたは変わっても，その総量は変化しないで一定に保た
れる法則を何というか。　（　　　　　　　　　）

⚡ヒント ❸❶❷地球上のすべての生物のエネルギー源である。

【 エネルギーの変換効率 】

❹ 「100 V−54 W」と表示がある白熱電球と,「100 V−7.5 W」という表示があるLED電球をそれぞれコンセントにつないで100 Vの電圧を加えたところ, ほぼ同じ明るさであった。これについて次の問いに答えなさい。

☐ ❶ 次の文は, 電気エネルギーの変換効率について述べたものである。①にあてはまる言葉を書きなさい。また, ②にあてはまる言葉を選びなさい。

白熱電球とLED電球の消費電力を比較(ひかく)すると, LED電球のほうが

（　　　①　　　）ため, 変換効率が　②　高い　低い　）。

☐ ❷ すべての電気エネルギーが光エネルギーに変換されているわけではない。光エネルギーのほかに何エネルギーに変換されているか。１つ書きなさい。　（　　　　　エネルギー）

限られたエネルギーを有効に使うためには, 変換効率の高い器具を選べばよいね。

エネルギー

【 エネルギーが変換される割合 】

❺ 消費電力が1200 Wの電気ポットに水を1200 g入れ, ２分間あたためたところ, 温度が24 ℃上昇していた。このとき, 電気ポットの変換効率は何％か。ただし水１ gを１ ℃上昇(じょうしょう)させるのに必要な熱量を4.2 Jとする。　（　　　　　％）

【 熱の移動 】

❻ 熱エネルギーの伝わり方について, 次の問いに答えなさい。

☐ ❶ 次の@〜©の現象を, それぞれ何というか。

@ 温度が異なる物体が接(こと)しているとき, 高温の部分から低温の部分へ熱が伝わる現象。　（　　　　　　）

ⓑ 場所によって温度が異なる液体や気体が流動して, 熱が運ばれる現象。

（　　　　　　）

© 高温の物体が光や赤外線などを出し, それが当たった物体に熱が移動する現象。　（　　　　　　）

☐ ❷ ❶の@〜©の例を, それぞれ次の⑦〜⑨から選びなさい。

@（　　　）　ⓑ（　　　）　©（　　　）

⑦ 太陽の熱によって, 地面の温度が上昇する。

⑦ フライパンをコンロの火で熱してしばらくすると, フライパン全体が熱くなる。

⑨ 上昇気流や下降(かこう)気流によって, 大気の動きが起こる。

••

ヒント ❹❶変換効率が高いとは, もとのエネルギーが目的以外に使われることが少ない。

Step 1 基本チェック　**5章 エネルギーの資源とその利用**

10分

■ 赤シートを使って答えよう！

❶ 生活を支えるエネルギー　▶教 p.230-233

☐ わたしたちの生活に必要なエネルギーは，石油や石炭，天然ガスなどの［ 化石燃料 ］の大量消費によってまかなわれている。

☐ エネルギー資源の多くは，発電に利用されている。発電方法には，石油や石炭などを利用した［ 火力 ］発電や，水力発電，地熱発電，風力発電，太陽の光エネルギーを利用した［ 太陽光 ］発電，ウランなどが核分裂するときのエネルギーを利用した［ 原子力 ］発電などがある。

❷ エネルギー利用上の課題　▶教 p.234-237

☐ 化石燃料やウランの埋蔵量には限りがある。また，燃やしたときに発生する［ 二酸化炭素 ］は，地球［ 温暖化 ］の原因になることなどが大きな問題となっている。

放射線を出す原子核

陽子　中性子

［ α ］線（He の原子核の流れ）

［ β ］線（電子の流れ）

［ γ ］線（電磁波）

［ 中性子 ］線（中性子の流れ）

☐ **おもな放射線**

☐ ウランなどの放射性物質からは［ 放射線 ］が出る。代表的な［ 放射線 ］には，α 線，［ β ］線，γ 線，中性子の流れの［ 中性子 ］線などがある。

☐ 放射線には物質を通りぬける能力である［ 透過力 ］がある。

☐ 放射線は医療や農業などにも用いられているが，生物が［ 被曝 ］すると細胞や［ DNA ］が傷ついてしまう可能性もある。

❸ エネルギーの有効利用　▶教 p.238-239

☐ 資源の枯渇に備えて，太陽光や風力などの自然エネルギーや，木片や落ち葉などの［ 生物資源 ］（バイオマス）を使った発電が注目されている。

☐ 化学エネルギーを直接［ 電気 ］エネルギーに変換する［ 燃料電池 ］などの新しい発電方法が開発されつつある。

☐ 情報通信技術を活用して，地域の電力や熱などのエネルギー利用を把握し，エネルギーを融通しあうしくみを［ スマートコミュニティ ］という。

テストに出る　いろいろな発電方法について，エネルギーがどう変換されているかがよく出る。

Step 2 予想問題 ● 5章 エネルギーの資源とその利用

10分
（1ページ10分）

【 いろいろなエネルギーと発電方法 】

❶ 下の①〜③の文は，発電方法を説明したものである。下線部のもつ
□ エネルギーを下の㋐〜㋕から選び，（　　　）に記号で答えなさい。

㋐ 位置エネルギー　　㋑ 運動エネルギー

㋒ 電気エネルギー　　㋓ 熱エネルギー

㋔ 化学エネルギー　　㋕ 核（かく）エネルギー

① 火力発電…化石燃料（　　　　　）を燃やし，発生した高温の水蒸気

（　　　　　）で発電機を回して（　　　　　）電気を得る。

② 水力発電…ダムにためた水（　　　　　）を落下させて（　　　　　），

発電機を回して（　　　　　）電気を得る。

③ 原子力（げんしりょく）発電…ウランなどの原子の核が分裂（ぶんれつ）するときに発生するエネル

ギー（　　　　　）で高温の水蒸気（すいじょうき）（　　　　　）をつくり，発電機

を回して（　　　　　）電気を得る。

【 エネルギー資源の有効利用 】

❷ 新しい発電方法について，次の問いに答えなさい。

□ ❶ 太陽光のエネルギーを利用して発電する方法を何というか。

（　　　　　　　　　）

□ ❷ 地下のマグマの熱であたためられた水蒸気を利用してタービンを回し発

電する方法を何というか。（　　　　　　　　）

□ ❸ 自然の風の力で風車を回し，発電機を回転させて発電する方法を何とい

うか。（　　　　　　）

□ ❹ ❸の長所と短所を，1つずつ簡単（かんたん）に書きなさい。

長所（　　　　　　　　　　　　　　　　）

短所（　　　　　　　　　　　　　　　　）

□ ❺ 再生可能なエネルギーについての文の①，②にあてはまる語を書きなさ

い。

植物は光合成（こうごうせい）をして二酸化炭素を吸収（きゅうしゅう）するため，木片（もくへん）や落ち葉などと

いった①（　　　　　　　）を燃やしても，大気中の二酸化炭素の増加

の原因にはならないという考えを②（　　　　　　　　　）とい

う。

・・

💡ヒント ❶水力発電は水の力で，火力発電と原子力発電は水蒸気の圧力でタービンを回転させる。

Step 3 予想テスト　**運動とエネルギー**

30分　目標70点　／100点

❶ 次の①では，示された力を，与えられた破線の方向の2つの力に分
☐ 解しなさい。また，②では，太い矢印で示された力Aを2つの力に
　分解して，そのうちの1つの分力を細い矢印Bで示している。もう1
　つの分力をかきなさい。[技]

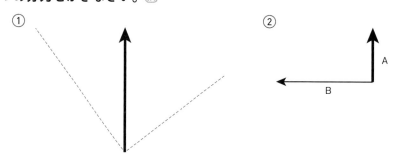

❷ 図1のように，斜面と水平面がなめらかにつながっ
　ている装置を使い，斜面上で台車を静かに離し，そ
　の運動を1秒間に60回打点する記録タイマーを使っ
　てテープに記録した。図2は，テープを6打点ごと
　に切りとり，時間の経過順に左からはりつけたもの
　である。これについて，次の問いに答えなさい。[思]

☐ ❶ 台車の速さが変化しない区間はa～mのどこか。

☐ ❷ 水平面で運動しているときの台車の速さは何cm/sか。

☐ ❸ 台車の速さと時間の関係を示すグラフを，
　　右の⑦～⑤から選びなさい。

☐ ❹ 水平面で運動しているときの台車の進む距
　　離と時間には，どんな関係があるか。

☐ ❺ 台車の進んだ距離と時間の関係を示すグラ
　　フを，右の⑦～⑤から選びなさい。

☐ ❻ 水平面上で右向きに運動している台車には
　　たらく力を適切に示している図を，次の⑦
　　～⑤から選びなさい。

❸ 図のように，なめらかな面のA点から金属球を静か
に離したところ，金属球は面にそってB，C，D，
Eの各点を通って運動した。摩擦力や空気の抵抗は
ないものとして，次の問いに答えなさい。 思

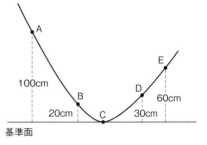

□ ❶ 金属球がA点を出てB点に達するまでに，金属球がも
っている位置エネルギーはどのように変化するか。

□ ❷ 金属球がもっている位置エネルギーがもっとも大きい点は，A〜Eのど
こか。

□ ❸ 金属球がもっている運動エネルギーがもっとも大きい点は，A〜Eのど
こか。

□ ❹ 金属球がB点でもつ運動エネルギーは，E点でもつ運動エネルギーの何
倍になるか。

□ ❺ 金属球がB点でもつ運動エネルギーは，B点でもつ位置エネルギーの何
倍になるか。

❹ 図のようなてこを使って，ゆっくり一定の速さで10 kgの石を0.3 m
持ち上げた。次の問いに答えなさい。 思

（100Nの重力がはたらく）

□ ❶ 石がされた仕事は何 J か。

□ ❷ てこを押し下げた力が50 Nだとすると，石を0.3 m
持ち上げるには，てこを何m押し下げればよいか。

□ ❸ 石を持ち上げるのに5秒かかった。このときの仕事率は何Wか。

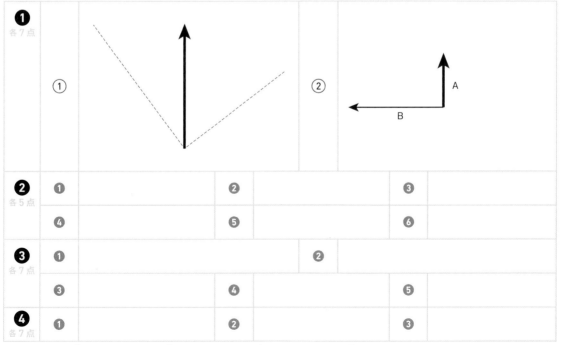

Step 1　基本チェック　1章 自然界のつり合い

10分

■ 赤シートを使って答えよう！

❶ 生物どうしのつながり ▶ 教 p.253-255

☐ ある場所に生活する生物とそれをとり巻く環境を 1 つのまとまりとしてとらえたものを〔 生態系 〕という。

☐ 自然界の生物の間にある，食べる・食べられるのつながりを〔 食物連鎖 〕という。このつながりが複雑にからみ合ったものを〔 食物網 〕という。

❷ 生態系における生物の数量的関係 ▶ 教 p.256-258

☐ 植物は光合成によって〔 有機物 〕をつくるので〔 生産者 〕とよばれる。これに対して，光合成を行わず，ほかの生物から栄養分を得ている生物は〔 消費者 〕とよばれる。

☐ 生物がとりこんだ物質が体内に蓄積され，物質の濃度が高くなることを〔 生物濃縮 〕という。

①つり合いのとれた状態。
肉食動物
草食動物
植物

⑤もとの状態にもどる。

②なんらかの原因で草食動物がふえる。

④草食動物が〔 減る 〕。

③肉食動物が〔 ふえる 〕。
植物が〔 減る 〕。

☐ **数量的なつり合いの変化**

❸ 生物の遺骸のゆくえ ▶ 教 p.259-262

☐ 土の中の小動物や微生物のように，生物の遺骸やふんなどから栄養を得ている生物は，〔 分解者 〕とよばれる。

❹ 生物の活動を通じた物質の循環 ▶ 教 p.264-265

☐ 動物は植物がつくった有機物や〔 酸素 〕をとり入れて〔 呼吸 〕を行い，生活に必要なエネルギーを得る。植物も呼吸を行う。

☐ 有機物を構成する〔 炭素 〕などの物質は，食物連鎖や呼吸，光合成，分解などのはたらきで，生物の体と外界との間を循環している。

テストに出る　生物の数量的なつり合いを問う問題がよく出る。

Step 2 予想問題 ： 1章 自然界のつり合い

20分
（1ページ10分）

【 食物連鎖 】

❶ 図は，ある湖における食う・食われるの
関係にある生物である。次の問いに答え
なさい。

大形の魚　　　　　　動物プランクトン

☐ ❶ 食う・食われるの関係による生物どうし
のつながりを，何というか。

（　　　　　　　）

植物プランクトン　　　小形の魚

☐ ❷ ❶の関係で，最初の出発点になるものは，
図中では何か。

（　　　　　　　）

【 生態系における生物の数量的関係 】

❷ 図1は，ある生態系での生物の数量関係を模式的に表したもので
ある。次の問いに答えなさい。

図1

肉食
動物

草食動物

植　物

☐ ❶ 植物のように，光合成で有機物をつくり出すことができる生物を何と
いうか。　　　（　　　　　　　　）

☐ ❷ 有機物を，ほかの生物から得る生物を何というか。

（　　　　　　　）

☐ ❸ 図2は，なんらかの原因で，草食動物の数が減った（A）後，長い年月
をかけてもとのつり合った状態にもどるようすを示している。図2のC
はどのようになるか，図2のCを塗りつぶしなさい。

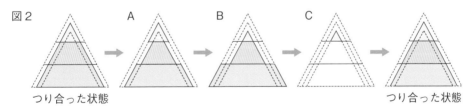

図2　　　　　　　　A　　　　　　　B　　　　　　C

つり合った状態　　　　　　　　　　　　　　　　　　　つり合った状態

☐ ❹ 植物が吸収した物質のうち体内に蓄積されやすい物質が，食物連鎖の上
にいくほど高濃度に蓄積されることがある。これを何というか。

（　　　　　　　）

- -

💡 ヒント ❷❸食べる生物が減ると，食べられる生物はふえる。

❌ ミスに注意 ❷❸つり合った状態と比較してふえたか減ったかを考え，枠内を塗りつぶす。

【 土の中の食物連鎖 】

❸ 植えこみの土を水に入れてかき混ぜ，上澄み液を2本の試験管 A，Bに分けた。これについて次の問いに答えなさい。

試験管ばさみ
試験管A
上澄み液
沸騰石（ふっとうせき）
ガスバーナー

☐ ❶ 図のように，試験管Aだけを加熱した。加熱した理由を簡単に書きなさい。（　　　　　　　　　　　）

☐ ❷ 試験管A，Bの液をそれぞれろ紙にしみこませ，デンプンと脱脂粉乳を入れた寒天培地の上にのせて数日置いた。この寒天培地にヨウ素液を加えたとき，色が変化するのはどちらか。A，Bの記号で答えなさい。（　　　　　）

☐ ❸ ❷の実験のような結果に関係している生物は何類か。2つ答えなさい。
（　　　　　　　　　類）
（　　　　　　　　　類）

遺骸や排出物からエネルギーを得る小動物はたくさんいるよ。

☐ ❹ 土の中には，❸の生物以外にもいろいろな土壌（どじょう）動物がすんでいて，それらが生物の遺骸やふんなどの排出物を食べてエネルギーを得ている。このような生物を何というか。（　　　　　　　）

☐ ❺ ❹の生物は，呼吸（こきゅう）によって，遺骸や排出物などの有機物を無機物にしている。この無機物を2つ書きなさい。

（　　　　　　　）
（　　　　　　　）

【 生物を通しての物質の循環（じゅんかん）】

❹ 図は，自然界での物質の循環を示したものである。次の問いに答えなさい。

☐ ❶ 物質㋐，㋑は，大気中の何という気体か。
㋐（　　　　　　　）
㋑（　　　　　　　）

☐ ❷ 物質㋐が，植物にとりこまれるはたらきを何というか。
（　　　　　　　）

☐ ❸ 図の矢印（→）は，何の移動を表しているか。
（　　　　　　　）

・・・

💡ヒント ❹❸植物からも動物からも微生物からも排出されている物質である。

❌ミスに注意 ❸❷ヨウ素液の色が変化するほうを答える。

［解答 ▶ p.18］

Step 1 **基本チェック** ：：： **2章 さまざまな物質の利用と人間**
3章 科学技術の発展
🕐 **10分**

■ 赤シートを使って答えよう！

2-❶ 天然の物質と人工の物質 ▶ 教 p.267-269

☐ 衣服の繊維は，綿や絹のような天然の素材のほかに，ポリエステルやナイロンなどの石油から人工的につくられた［ **合成** ］繊維がある。

☐ 天然の物質と人工の物質でできているものは，重さや色，耐熱性など，［ **性質** ］にちがいがあるので，用途に応じて使い分けている。

2-❷ プラスチック ▶ 教 p.270-274

☐ プラスチックは，電気を通さない性質を利用して，［ **絶縁体** ］として電気コードの被ふくなどに用いられている。

☐ 腐りにくいため，自然界に流出しないように回収し，［ **リサイクル** ］することがたいせつである。

> ・［ **電気** ］を通さない。
> ・水をはじいてぬれない。
> ・熱するととけて［ **燃える** ］。
> ・腐らずさびないため，長持ちする。
> ・軽くて柔軟性がある。
> ・［ **加工** ］しやすい。

☐ **プラスチックの性質**

環境

3-❶ 科学技術の発展の歴史 ▶ 教 p.275-277

☐ 科学技術の発展によって，交通輸送の手段は，人力や馬力などから蒸気機関を動力源になり，そして［ **電気** ］が使われるようになって，多くの人や荷物をより速く，遠くまで輸送できるようになった。

☐ 科学技術の発展は，生活を便利にしただけでなく，社会も大きく変えてきたが，自動車や工場からの排出ガスによる［ **大気汚染** ］，工場からの排水による［ **水質汚濁** ］などの問題が引き起こされてきた。

3-❷ 科学技術の利用とくらし ▶ 教 p.278-280

☐ インターネットの普及と情報処理技術の発展により，情報を早く入手できるようになった。

☐ コンピュータ技術の発展から，［ **AI** ］（人工知能）や［ **VR** ］（仮想現実）の技術も活用が広がっている。

 テストに出る プラスチックの利点とごみ問題について，知っておこう。

Step 2 予想問題 ・ **2章 さまざまな物質の利用と人間**
・ **3章 科学技術の発展**

10分
（1ページ10分）

【 プラスチック 】

❶ プラスチックの性質について，次の問いに答えなさい。

☐ ❶ 次の文は，プラスチックの性質や種類についてまとめたものである。
（　　）の中に適当な言葉を入れて，文を完成しなさい。

プラスチックは，（①　　　）などを原料として人工的に合成された
物質（合成樹脂）で，軽く，熱や力を加えて加工しやすい，（②　　　）
を通さない，（③　　　），腐らないなどの特徴をもっている。

日常よく見られるプラスチックには，（④　　　）（略称PE）
や（⑤　　　）（略称PET）などがある。

PEは燃やすと炎を出して燃えるが，PETは炎とけむりを出して燃
える。また，PEは水に（⑥　　　）が，PETは水に（⑦　　　）。

☐ ❷ プラスチックを燃やしたところ，燃えて気体が発生した。この気体は何
か。名称を答えなさい。　（　　　　　　　）

☐ ❸ プラスチックは有機物か，無機物か。　（　　　　　　　）

☐ ❹ プラスチックは腐らず長持ちするかわり，廃棄されたごみが自然界に長
く残り，こまかくなって魚が飲みこんでしまうなどの問題が発生してい
る。このために，自然界に流出しないようにリサイクルする必要がある。
このリサイクルのときに注意することは何か。次の⑦〜⊈から正しいも
のを選び，記号で答えなさい。　（　　　　　　　）

⑦　色ごとに分別する。　　⑦　種類ごとに分別する。

⑦　重さごとに分別する。　⊈　大きさごとに分別する。

【 科学技術の利用 】

❷ 科学技術の進歩について，次の問いに答えなさい。

☐ ❶ 人間の脳のように考えることができる人工知能をアルファベット2文字
で何というか。　（　　　　　）

☐ ❷ 世界の情報が，瞬時にして入手できるようになったのは，どのような技
術が普及したからか。　（　　　　　　　　）

> 通信回線を通して，世界中のコンピュータやスマートフォンがつながっているよ。

💡ヒント ❶❹種類の異なるプラスチックが混ざると，リサイクルが難しくなる。

❌ミスに注意 ❷❶略称をアルファベットで書く。

Step 1 | 基本チェック : 4章 人間と環境
5章 持続可能な社会をめざして

 10分

■ 赤シートを使って答えよう！

4-❶ 身近な自然環境の調査
4-❷ 自然が人間の生活におよぼす影響

▶ 教 p.285-295

☐ 人間の活動が，空気や ［ 水 ］ などの身近な環境（かんきょう）に影響（えいきょう）を与えている。

☐ 自然の特徴（とくちょう）を理解し，過去に起こった災害を調べて教訓にすることで，
防災・減災をめざすことができる。

4-❸ 人間の活動と自然環境

▶ 教 p.296-300

☐ 二酸化炭素などの温室効果がある気体の増加によって，地球の平均気温が上昇
する ［ 地球温暖化 ］ が起こっている。

☐ フロンなどが上空で ［ オゾン層（そう） ］ のオゾンを分解して，地表に届く紫外線の
量が増加している。

☐ 化石燃料を燃焼（ねんしょう）させると，窒素（ちっそ）酸化物や硫黄（いおう）酸化物，粉じんなどが大気中に放
出され，［ 大気汚染（おせん） ］ が起こる。窒素酸化物が硝酸（しょうさん）に変化したり，硫黄酸化物
が硫酸に変化したりして雨にとけこむと，［ 酸性雨 ］ となる。また，窒素酸化
物は紫外線（しがいせん）によって化学変化を起こし，［ 光化学（こうかがく）スモッグ ］ の原因になる。

☐ 生活排水（はいすい）によって水中の窒素化合物の量がふえると，これを栄養とす
る植物プランクトンがふえ，［ 赤潮（あかしお） ］ や ［ アオコ ］ が発生し，魚な
どが大量に死に，漁業に被害が出る。

赤潮やアオコが発生すると，水中の酸素が少なくなって，魚が酸欠になるよ。

☐ 人間の活動によって意図的，非意図的に移入された ［ 外来生物（がいらいせいぶつ） ］ によ
って，生態系のバランスがくずれる。

5-❶ 科学技術の発展と課題
5-❷ これからの社会を担う

▶ 教 p.303-309

☐ わたしたちは資源（しげん）の消費を減らし，［ 循環型（じゅんかんがた）社会 ］ を築く必要がある。

☐ 将来，資源が枯渇（こかつ）したり，エネルギーが不足したりしないようにしたり，
自然環境を保全したりしつつ，現在の豊かな生活を続けることができる社
会（［ 持続可能な社会（じぞくかのう） ］）を築かなければならない。

 人間の生活が環境におよぼす影響，自然が人間の生活におよぼす影響をまとめておこう。

Step 2 予想問題
4章 人間と環境
5章 持続可能な社会をめざして

20分
（1ページ10分）

【 自然環境の調査 】

❶ 空気と川のよごれについて，調査を行った。次の問いに答えなさい。

□ ❶ 空気のよごれを調べるために，カイヅカイブキの
枝を採取して，枝についたよごれの度合いを調べ
た。表1はその結果である。カイヅカイブキに見
られたよごれは，何が原因だと考えられるか。次
の⑦〜①から選び，記号で答えなさい。
（　　　　）

⑦ 植物の花粉
④ 動物の排泄物
⑦ 人間や動物がはいた二酸化炭素
① 車の排気ガス

表1

地点 A	交通量が多く，住宅が密集している。	段階 3
地点 B	交通量多いが，住宅は少ない。風通しがよい。	段階 2
地点 C	交通量少	段階 1

よごれの度合い
段階 1：付着物がついていない。
段階 2：付着物はあるが，溝にたまるほどではない。
段階 3：付着物が溝にたまっている。

□ ❷ 表2は，ある川のある地点にすむ生物を採取した数である。
この地点の水質はどれだと考えられるか。次の⑦〜①から選
び，記号で答えなさい。　（　　　　）
⑦ きれいな水
④ ややきれいな水
⑦ きたない水
① とてもきたない水

表2

生物名	数
カワニナ類	12
ヤマトシジミ	5
サワガニ	1
ゲンジボタルの幼虫	3
オオシマトビゲラ	2

【 これからの社会 】

❷ 今後のとり組みについて，次の問いに答えなさい。

□ ❶ 資源の消費を減らし，循環型社会をめざすために，わたしたちは3Rに
とりくむべきである。この3Rとは何か。カタカナで書きなさい。
（　　　　　　）（　　　　　　）（　　　　　　）

□ ❷ 将来，資源が枯渇しないように，豊かな自然を保全したり，環境との調
和をはかったりしながら，現在の便利で豊かな生活を続けることができ
る社会のことを何というか。　（　　　　　　な社会）

....

❗ヒント ❶❷カワニナ類が多いことから考える。

［解答 ▶ p.19］

【 環境問題 】

❸ 図A〜Fは，人間の生活により自然環境が変化した事例を示している。
次の問いに答えなさい。

A
オゾンが
少ない
部分　　　南極
　　　　　大陸

オゾン層は，生物に有害な
紫外線が地表に達するのを
防いでいる。このオゾンが
南極の上空で減少している。

B　枯れた森林

酸性雨によって，森林が立
ち枯れたり，湖の魚が絶滅
するなど，自然環境に大き
な被害がもたらされている。

C　　　　原因となる
　　　　プランクトン

瀬戸内海のような閉鎖的な
水域では，夏に植物プラン
クトンが大発生して，赤潮
になることがある。

D

アマゾン川流域には熱帯雨
林とよばれる豊かな森林が
ある。近年，その面積が急
速に減少している。

E　氷山

地球温暖化によって気温が
上昇すると，氷山や極地方
の氷がとけ出す。

F　捨てられた
　プラス
　チック
　製品

人間が科学技術によってつく
り出したプラスチックなどは，
分解者が分解できないため自
然界を循環できない。

□ ❶ 次の①〜⑥は，A〜Fのどの事例の原因を表しているか。記号で答えな
さい。
① フロンの大量使用　　　　　　　　　（　　　　）
② 窒素化合物をふくむ生活排水や農業排水　　（　　　　）
③ 化石燃料の消費による窒素酸化物や硫黄酸化物の放出　（　　　　）
④ 化石燃料の消費による二酸化炭素の大量排出　（　　　　）
⑤ 自然界に存在しない物質が科学技術によりつくられた。（　　　　）
⑥ 耕地を拡大するために森林が焼き払われた。　（　　　　）

□ ❷ 次の①〜⑥は，A〜Fの事例による自然環境の変化を示している。どの
事例か，記号で答えなさい。
① 海面が上昇し，低地が水没する。　　（　　　　）
② 地上に届く紫外線の量がふえ，皮膚がんになりやすい。（　　　　）
③ 水中の酸素が少なくなり，魚が死ぬ。　（　　　　）
④ 森林が枯れ，植物の育たない土壌になる。（　　　　）
⑤ 温暖化が進み，生物の数量的なつり合いも変化する。（　　　　）
⑥ 地上にごみとしてたまる一方である。　（　　　　）

ヒント ❸❶排気ガスにふくまれる窒素酸化物は硝酸に，硫黄酸化物は硫酸に変化する。

Step 3 予想テスト　自然と人間

30分　/100点　目標 70点

❶ 図は，ある場所の生物の数量関係を模式図に示したものである。次の問いに答えなさい。[思]

□ **❶** 生物の食べる・食べられるの関係を何というか。

□ **❷** 図の生物の数量は，上の層にいくにしたがい，しだいにどうなるか。

□ **❸** 自然界のつり合いについて述べた次の文章を完成させなさい。

　　ある生物が一時的にふえることがあっても，（ ① ）の量には限りがあるため，やがて（ ② ）の数量にもどる。しかし，（ ③ ）の活動や自然災害によって，生物の数量的なつり合いがくずれてしまうと，もとの状態にもどるのに長い（ ④ ）がかかり，もとの状態にもどらない場合もある。

□ **❹** 図中の生物ⓑが何らかの原因で減少したとすると一時的に生物ⓐやⓒはどうなるか。右のグラフから正しいものを選びなさい。

❷ 図は，土の中の微生物のはたらきを調べようとしたものである。次の問いに答えなさい。[技]

□ **❶** ビーカーBの上澄み液を沸騰させた理由を，簡単に書きなさい。

□ **❷** デンプンのりを加えた後にラップフィルムでふたをした理由を，簡単に書きなさい。

□ **❸** ヨウ素溶液を加えてこい青紫色になるのはA，Bのどちらか。

❸ 図は，生物を通しての炭素の循環を示した模式図である。次の問いに答えなさい。

□ **❶** 図のa～dの矢印のうち，無機物としての炭素の流れを示しているものを2つ選びなさい。

□ **❷** 図のAは，生物の遺骸やふんなどから栄養分を得ている生物である。これを自然界の何とよぶか。

4 図1は北半球の平均気温の推移，図2
は世界の人口の推移を表したグラフで
ある。次の問いに答えなさい。思

□ **1** 図1より，このように，地球の平均気
温が上昇する現象を何というか。

□ **2** 図1，2より，気温の上昇は，人間の
活動によって発生する，ある気体がお
もな原因と考えられている。この気体
は何か。1つ書きなさい。

□ **3** **2**の気体がふえた原因を，「化石燃料」
と「森林」についてそれぞれ書きなさい。

□ **4** **2**の気体を減らす工夫として，適切な
ものを，次の⑦～⑤から選びなさい。
⑦ 石油の使用をやめ，石炭にする。
④ 太陽光発電やバイオマス燃料などを
利用する。
⑦ プラスチックを使わず，天然素材の
ものにする。
⑤ フロン類の排出をおさえる。

図1

1981～2010年の30年間の平均値を基準にして，それか
らの差を気温平年差としている。
気象庁の資料より。

図2

『人口統計資料集(2018)』より。

環境

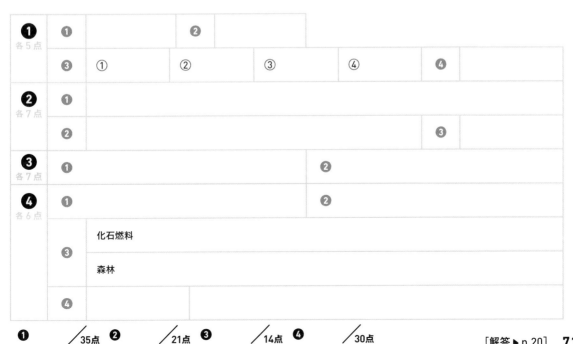

1 各5点	**1**			**2**					
	3	①		②		③		④		**4**	
2 各7点	**1**								
	2						**3**		
3 各7点	**1**					**2**			
4 各6点	**1**					**2**			
	3	化石燃料							
		森林							
	4								

1 ╱35点 **2** ╱21点 **3** ╱14点 **4** ╱30点

啓林館版・中学理科３年

テスト前 ☑ やることチェック表

① まずはテストの目標をたてよう。頑張ったら達成できそうなちょっと上のレベルを目指そう。
② 次にやることを書こう（「ズバリ英語〇ページ，数学〇ページ」など）。
③ やり終えたら□に✔を入れよう。
　最初に完ぺきな計画をたてる必要はなく，まずは数日分の計画をつくって，
　その後追加・修正していっても良いね。

目標

	日付	やること1	やること2
2週間前	／	□	□
	／	□	□
	／	□	□
	／	□	□
	／	□	□
	／	□	□
	／	□	□
1週間前	／	□	□
	／	□	□
	／	□	□
	／	□	□
	／	□	□
	／	□	□
	／	□	□
テスト期間	／	□	□
	／	□	□
	／	□	□
	／	□	□
	／	□	□

キリトリ線

理科3年 啓林館版

テスト前 ☑ やることチェック表

① まずはテストの目標をたてよう。頑張ったら達成できそうなちょっと上のレベルを目指そう。
② 次にやることを書こう（「ズバリ英語○ページ，数学○ページ」など）。
③ やり終えたら□に✔を入れよう。
　　最初に完ぺきな計画をたてる必要はなく，まずは数日分の計画をつくって，
　　その後追加・修正していっても良いね。

目標

	日付	やること1	やること2
2週間前	／	☐	☐
	／	☐	☐
	／	☐	☐
	／	☐	☐
	／	☐	☐
	／	☐	☐
	／	☐	☐
1週間前	／	☐	☐
	／	☐	☐
	／	☐	☐
	／	☐	☐
	／	☐	☐
	／	☐	☐
テスト期間	／	☐	☐
	／	☐	☐
	／	☐	☐
	／	☐	☐
	／	☐	☐

啓林館版 理科3年 ｜ 定期テスト ズバリよくでる ｜ 解答集

生命の連続性

p.3-4 **Step ❷**

❶ ① 無性生殖
② 栄養生殖
③ ㋐

❷ ① ㋐ 卵巣 ㋑ 精巣
② 減数分裂
③ 受精
④ 受精卵
⑤ 有性生殖
⑥ ㋓→㋑→㋐→㋒

❸ ① 受粉
② 卵細胞
③ 精細胞
④ 受精
⑤ 胚

❹ ① ㋓
② 根もとのほう
③ ⓑ
④ 分裂して数がふえること。
1つ1つの細胞が大きくなること。

考え方

❶ ① ミカヅキモやアメーバなどのように，体が
2つに分裂するものや，酵母のように，体
の一部から芽が出るようにふくらみ，それ
が分かれて新しい個体になるものもある。
② 多細胞生物である植物のうち，サツマイモ
やジャガイモのように，体の一部から新し
い個体をつくるものを特に栄養生殖とい
う。サツマイモやジャガイモのいもは，土
に植えておくと，芽を出して葉・茎・根が
そろい，新しい個体になる。
③ 無性生殖でふえた生物では，親の特徴は
そのまま子に伝わる。

❷ ① 雌の卵巣でつくられた卵の核と，雄の精巣で
つくられた精子の核が合体（受精）する。受
精した卵は受精卵とよばれ，細胞分裂をくり
返し，胚を経て成体となる。
② 生殖細胞ができるときは，染色体の数が
半分になる減数分裂を行う。
③ 精子はべん毛を動かして移動し，卵までた
どりつき，受精を行う。
④ 受精卵は体細胞分裂をくり返して胚になる。
動物では，自分で食物をとり始めるまでの
子を胚という。
⑤ 雌雄がかかわる生殖を有性生殖という。
⑥ 細胞の数が多くなっていく順に並べる。㋒
は，頭や尾ができた状態である。

❸ ① 受粉すると，花粉から花粉管がのび，胚珠
までのびる。
②③ 胚珠の中には卵細胞があり，花粉管の
中を移動してきた精細胞が卵細胞に達す
ると，卵細胞の核と精細胞の核が合体し，
受精卵ができる。
⑤ 受精卵は細胞分裂をくり返し，細胞の数を
ふやして胚になる。

❹ ① 先端のほうで，細胞分裂がさかんに行われ，
分裂した1つ1つの細胞が大きくなるため，
先端部分でののび方が大きい。
② 先端部分では，細胞分裂がさかんに行われ
るため，細胞の大きさは小さい。一方，根
もとの部分の細胞は，成長し終わっている
ため，細胞の大きさは大きい。
③ 根冠ⓐの少し上の部分（成長点ⓑ）でさか
んに細胞分裂が行われている。
④ 細胞は分裂を行ったあと，一時的に元の細
胞より小さくなる。
その後，細胞1つ1つが大きくなり，体が
成長する。

1

p.6-7 **Step ❷**

❶ ① メンデル

　② 対立形質

　③ 丸

　④ 分離の法則

　⑤① Aa　② aa

　⑥① 丸い種子　② 2

　　③ しわのある種子　④ 1

　❼ 3：1

　⑧① 顕性

　　② 3：1

❷ ① 形質

　② 遺伝

　③⑦ 減数分裂　④ 体細胞分裂

　④⑦

　⑤ 雌と雄の両方の遺伝子（染色体）を半分ず

　　つ受けつぐから。

❸ ① 染色体

　② DNA

考え方

❶ ①④「減数分裂のときに，対になっている遺
伝子は分かれて別々の生殖細胞に入る」
ことを分離の法則といい，メンデルにより
発見された。

　　減数分裂によって，対になっていた遺伝子
は分かれて，別々の生殖細胞に入る。

　③ 子はすべて丸い種子になったことに注目す
る。

　⑤ 行の左端と列のいちばん上のアルファベッ
トを，大文字，小文字の順に並べる。

　❼ 表2でのAA＋Aaの数とaaの数との割合が，
丸い種子としわのある種子の割合である。

❷ ③④ 体細胞分裂では，分裂が始まる前と後で，
染色体の数は同じである。しかし，生殖細
胞をつくるときの減数分裂では，染色体の
数は半分になる。このような分裂を減数分
裂という。

---

　⑤ 図の動物は有性生殖をする。この生殖では，
雌と雄の生殖細胞が受精により子ができ
る。このとき，雌と雄のそれぞれの染色体
が半分ずつ受けつがれる。

❸ ① 細胞が分裂するとき，核の中にはひものよ
うなものが見える。これが染色体である。
遺伝子はこの染色体の中にある。

　② 遺伝子の本体はデオキシリボ核酸という物
質である。DNAとは，Deoxyribonucleic
acidの略称である。

p.9 **Step ❷**

❶ ①A 哺乳類　B 鳥類　C は虫類

　　D 両生類　E 魚類

　②④

　③ 鳥類，は虫類

❷ ① C

　② 右の図

B コウモリ　C クジラ

　❸ もとは同じ器官だったものがそれぞれ進化
した。

　④ 相同器官

考え方

❶ ① 化石から，古生代の前半に魚類が，古生代
の中ごろに両生類が，古生代の後半には虫
類が，中生代のはじめに哺乳類が，中生代
の中ごろに鳥類が現れたと考えられている。

　② はじめに魚類が水中に現れ，次に，魚類の
あるものから両生類が現れた。両生類は，
子のときはえらで呼吸するので水中でし
か生活できないが，おとなになると肺と皮
膚で呼吸するので陸上で生活できるように
なる。このように，肺で呼吸できるように
なったことで，陸上に進出できるようにな
ったのである。

❷❶ 図の左から，ヒト，コウモリ，クジラの前あしである。哺乳類のこの3種類の動物を比べてみると，ヒトの前あしは道具を使うためのうでと手，コウモリの前あしは空を飛ぶための翼，クジラの前あしは水中を泳ぐためのひれというように，生活様式にあわせて前あしのはたらきも異なっている。

❷～❹ 前あしの骨格を比べてみると，基本的なつくりに共通点がみられる。このように，現在の形やはたらきは異なっていても，もとは同じ器官であったと考えられるものを，相同器官という。

p.10-11 Step ❸

❶❶ Y

　❷ 細胞を1つ1つ離れやすくするため。

　❸ F→D→E→B→C→A

　❹ 染色体

　❺ 等しい。

　❻ ① ふえ　② 大きく

❷❶ 花粉管

　❷ 精細胞

　❸ 胚

　❹ 種子

　❺ さし木（栄養生殖）

❸❶

　❸ 丸

　❹

　❺ ① 丸　② 丸　③ しわ

　❻ AA，Aa

　❼ 約7500個

　❽ DNA

考え方

❶❶ 成長点は，根の先端近くの，少し内側にある。なお，Zの部分は，成長点を保護している根冠という。

❷ 塩酸は，細胞壁どうしを結びつけている物質をとかし，細胞を1つ1つ離れやすくする。

❸❹ 細胞分裂が進む順序は，次のようになっている。核の中に染色体が見えるようになり，核の形が消える（D）→染色体が細胞の中央部分に集まる（E）→染色体が分かれて細胞の両端に移動する（B）→中央部分に仕切りができて，細胞質が分裂する（C）→新たに2つに分かれた細胞ができ，染色体は見えなくなる（A）。

❺ 体細胞分裂では，核の中に染色体が見えるようになった時点で染色体はすでに複製され，数が2倍になっている。それが半分ずつに分かれて，両極に移動し，別々の新しい細胞になるので，染色体の数は，分裂前と分裂後で同数である。

❷❶❷ 花粉が柱頭につくと，花粉から花粉管が胚珠に向かってのびる。花粉管が胚珠に達すると，花粉管の中を運ばれた精細胞の核が胚珠の中にある卵細胞の核と合体して受精卵となる。

❸❹ 受精卵は細胞分裂をくり返し，胚になる。胚珠は成長して種子に，子房は果実になる。

❺ 植物の無性生殖には，栄養生殖がある。バラのさし木などがあてはまる。

❸❶ 精細胞や卵などの生殖細胞がつくられるときには，減数分裂が行われ，2本の染色体が1本になる。

❷ 受精によって，精細胞の遺伝子Aと卵細胞の遺伝子aは合体して，受精卵ではAaの遺伝子をもつ。このようにして，受精卵の染色体数は，体細胞の染色体数と同じになる。

❸ 大文字の遺伝子と小文字の遺伝子が対になっている場合，小文字の遺伝子の形質（潜性形質）は現れず，大文字の遺伝子の形質（顕性形質）だけが現れる。

❹❸ でできた種子がもつ遺伝子の組み合わせはAaなので，分離の法則によって，生殖細胞に入る遺伝子はAとaである。よって，精細胞の遺伝子Aとa，卵細胞の遺伝子Aとaの組み合わせから，AA，Aa，aaの３種類になる。

❺❹ より，遺伝子の組み合わせが，
・AとAの場合…Aの形質が現れる。
→丸
・Aとaの場合…aの形質は現われず，Aの形質が現れる。→丸
・aとaの場合…aの形質が現れる。
→しわ
となる。

❻❺ より，丸の種子がもつ遺伝子は，Aをふくむ。Aaの場合，顕性形質（丸）が現れて，潜性形質（しわ）は現れない。

❼❹ より，このときできた種子の遺伝子の組み合わせは，AA，Aa，aaなので，丸の種子としわの種子の割合は，（丸：AA，Aa）：（しわ：aa）＝３：１である。よって，約10000個の種子の中で丸いと考えられる種子は，10000÷（３＋１）×３＝約7500個である。

❽ 遺伝子の本体であるDNAは，デオキシリボ核酸（Deoxyribonucleic acid）の略称である。遺伝子に関する科学技術が進歩するにつれ，医学や農業などのさまざまな場面で役立てられている。

宇宙を観る

p.13-14 Step ❷

❶ ❶気体
❷プロミネンス（紅炎）
❸コロナ
❹表面 ⑦　中心部 ⑤
❺周囲より温度が低いから。
❻太陽が球形であること。
❼恒星

❷ ❶惑星
❷衛星
❸すい星
❹小惑星
❺太陽系

❸ ❶ a 火星　b 天王星　　c 海王星
❷月
❸木星
❹土星
❺水星

❹ ❶恒星
❷かがやく点にしか見えない。
❸① 太陽　② 地球からの距離
③ リゲル　④ 銀河
⑤ 光が１年間に進む距離

考え方

❶ ❶太陽はおもに水素やヘリウムのガスでできている。
❷太陽の表面に見られるAの部分は，プロミネンス（紅炎）という炎のようなガスの動きである。
❸月によって，太陽が全部かくされる皆既日食のときにはコロナが見られる。コロナの温度は100万℃以上で太陽の表面の温度より，はるかに高温である。
❺太陽の表面の温度は約6000℃であるが，黒点の温度は約4000℃と，周囲よりも1500〜2000℃ほど温度が低いため，黒い斑点として見える。

❻中心にあるときに円形に見えた黒点が，端に移動するほどつぶれただ円形に見えるのは，次の理由からである。
黒点が移動する→太陽が自転している。
端ではつぶれただ円形に見える→太陽が球形である。

❼太陽や星座をつくる星は，みずから光りかがやく星で，恒星という。

❷ ❶太陽のまわりを公転している天体を惑星といい，太陽系には地球をふくめて8個の惑星がある。惑星は太陽の光を反射して光っている。

❷惑星のまわりを公転している天体を衛星といい，月は地球のまわりを公転している衛星である。

❸すい星は，太陽に近づくと温度が上がってガスやちりを放出し，尾を引いて見えることがある。

❹火星と木星の間にある小惑星の中には，いん石となって地球に落下してくるものもある。

❺太陽と太陽のまわりを公転している❶〜❹の天体をまとめて太陽系という。

❸ ❶太陽系の惑星は，太陽に近い方から順に，水星→金星→地球→火星→木星→土星→天王星→海王星である。

❷地球の衛星は月で，地球のまわりを公転している。

❸太陽系の惑星でもっとも大きなものは，赤道半径で地球の11.21倍の木星である。

❹土星の平均密度は0.69で水より小さい。

❺太陽に近い惑星ほど，公転周期は短い。

❹ ❷夜見える恒星は，地球からひじょうに遠く離れているため，地球上のどんな大きな天体望遠鏡でも，その表面のようすを観察することはできない。恒星の中では，太陽が唯一，表面を観察することができる。

❸③リゲルは地球からの距離が遠いにもかかわらず，等級の値が小さい。等級は値が小さいほど明るく，1等級小さくなると，明るさは約2.5倍になる。

---

p.16-18 **Step ❷**

❶ ❶ h
❷ d
❸南中高度
❹ 6時45分

❷ ❶ a
❷図1 D
図2 ⓐ　図3 Y

❸ ❶北極星
❷（北極星が）地軸の延長線上にあるから。
❸21時50分
❹①地軸　②1　③西　④東　⑤自転

❹ ❶西
❷180°
❸1か月で30°　1日で1°
❹公転
❺4時ごろ
❻20時ごろ

❺ ①ウ　②エ　③イ

❻ ❶黄道
❷①いて座　②ⓐ西　ⓑ東　③C
④ア　⑤エ
❸約3か月

考え方

❶ ❶透明半球を使った観測では，観測者は透明半球の中心から観測していることとして記録される。

❷太陽の高度が最大になるeの方位が南で，透明半球の中心hから南を向いて左のdが東となる。

❸∠bheは，太陽が真南にあるときの高度を表す。

❹1時間で3.0cmなので，6.75cmは

$$\frac{6.75}{3.0}=2.25時間　0.25×60分=15分$$

より
9時の2時間15分前が日の出の時刻である。

❷ ❶北極のほうから見て，反時計回りに公転している。

❷図1のAは夏至である。Aの位置に地球があるとき，地軸が北極側に傾いているため，南中高度が高くなる。したがって，Aより3か月前のDの位置が，春分の日である。
図2では，昼間の長さがもっとも長いⓑが夏至であるため，春分の日は，ⓑの3か月前のⓐであり，図3では，真東から太陽がのぼって真西に沈むYになる。
なお，南中高度が高くなると，下の図のように，1m²に当たる光の量が多くなるため，多くの太陽エネルギーを受ける，つまり，気温が高くなる。

太陽の高度が30°のとき　　太陽が真上のとき
受光面
30°
1m²　　　1m²
1m²に当たる光の量は太陽が真上のときの半分になる。

❸太陽や星の日周運動は，地球の自転による見かけの動きである。北の空の星は，北極星を中心に1時間に15°，反時計回りに動く。

❶❷北極星は，ほぼ地球の地軸の北側の延長線上に位置する。そのため，地球が自転してもほとんど動かない。

❸図のカシオペヤ座はB→Aへと動いている。1時間で15°動くので（5°動くのに20分かかる）20°動くには1時間20分を要する。

❹同じ場所で同じ時刻に観測すると，少しずつ星座が東から西に動いて見える。これは地球が公転しているからである。公転周期は1年だから，1か月に30°の動きになる。

❷9月～3月までは180°動いている。

❸❹地球の公転のために，1年で360°，1か月で30°，1日で1°動いて見える。

❺10月15日には真南より60°東にあるので，真南にくるまで4時間かかる。（1時間で15°の日周運動をするから。）
0時＋4時間＝午前4時

❻12月15日の0時に真南にある。Bの位置は60°東だから4時間前ということになる。
0時－4時間＝20時

❺秋分の日の太陽は，㋐の東京では，真東からのぼり，南の空を移動して，真西に沈む。㋑のオーストラリアでは，真東からのぼり，北の空を移動して，真西に沈む。㋒の赤道では，真東からのぼり，天頂を通って，真西に沈む。㋓の北極では，地平線上を移動する。

❻ ❶地球から見た太陽は，星座の星を基準にすると，地球が公転することによって，星空の中をゆっくりと移動していくように見える。この星座の中の太陽の通り道を黄道という。

❷①太陽は，ふたご座の方向と180°反対の方向にあるので，いて座があてはまる。
②北極のほうを向いて，右手ⓑが東であり，左手ⓐが西である。
③北極のほうから見て地球は反時計回りに自転している。日なたから日かげに入る所のCが夕方である。
④Cに北極のほうを向いて人を立たせたとき，ⓑ（右手）の方向にあるのは，ふたご座である。
⑤Dに北極のほうを向いて人を立たせたとき，ⓐ（左手）の方向にあるのは，うお座である。

❸地球の公転のために，太陽は1年かけて12の星座の間を動いて見える。これは，この12の星座の位置を基準にして，太陽の1か月ごとの位置を表せるということである（この12の星座を黄道12星座という）。よって，太陽はP～Qまで，星座の間を3つ分移動したので，3か月かかったことになる。

p.20-21 Step ❷

❶ ❶ 新月 G　満月 C
　❷ ① B　② F　③ H　④ D
　❸ A
❷ ❶ a
　❷ 月食 C　日食 A
　❸ ④，⑤
❸ ❶ ⓐ
　❷ ア
　❸ ⑦，⑧，⑨
　❹ イ
　❺ G
　❻ イ
　❼ 地球よりも太陽の近くを公転しているため（地球の内側を公転しているため）。

考え方

❶ ❶ 新月は，地球から見て太陽と同じ側の G に位置するときで，このときは，太陽の光を反射している面が地球から見えないため，月を見ることができない。また，満月は，地球をはさんで，太陽と反対側の C に位置するときで，このときは，太陽のほうに向けている月の表面すべてで太陽の光を反射して，丸く見える。
　❷ ①の月は，上弦の月と満月の間の月。②の月は，下弦の月と新月の間の月。③の月は，新月と上弦の月の間の月。④の月は，満月と下弦の月の間の月。
　❸ 地球上の日没の位置では，太陽の光がさす方位が西，その正反対の方位が東である。
❷ ❶ 月が地球のまわりを回る向きは地球の公転の向きと同じ向きで，北極上空から見て，反時計回りである。
　❷ 月食は，太陽−地球−月の順に一直線に並んだときで，月が地球の影に入ると起こる。日食は，太陽−月−地球の順に一直線上に並んだときで，太陽が月にさえぎられると起こる。つまり，月食は満月のときに起こり，日食は新月のときに起こる。

❸ 太陽と月の見かけの大きさがほとんど同じであることは，太陽全体が月によってほぼ完全に見えなくなる皆既日食や金環日食が起こることからわかる。地球から月までの距離は，地球から太陽までの距離の約400分の1である。また，月の大きさは太陽の大きさの約400分の1である。
❸ ❶ 地球の公転の向きと，金星の公転の向きは同じである。
　❷❸ 図の⑦，⑨の位置に金星があるときは，太陽と重なって見えない。⑦，⑧，⑨が明け方に東の空に見える（明けの明星）。
　❹ 図の④，⑤，⑥の位置に金星があるときは，夕方に西の空に見える（よいの明星）。
　❺ 金星が⑥の位置にあるときは，太陽との位置関係より，右側が光って見える。また，光っている部分は，地球からはあまり見えないので，G のように細く見える。
　❻ 地球に近いほど大きく見える。

p.22-23 Step ❸

❶ ❶ およそ6000℃
　❷ 名称 黒点　温度 およそ4000℃
　❸ 太陽が自転しているから。
　❹ プロミネンス（紅炎）
❷ ❶ B 南　C 東
　❷ P 夏至　R 冬至
　❸ 南中高度
　❹ ④
　❺ ⑤
❸ ❶ 地球よりも太陽の近くを公転しているから（地球の内側を公転しているから）。
　❷ イ
　❸ ⓓ
　❹ ⑦
❹ ❶ C → B → A → D
　❷ A ⑦　B ⑦　C ⑧　D ④
　❸ ⑧
　❹ ⑦

考え方

❶ ❶❷ 黒点の温度は約4000℃で，まわりの温度の約6000℃より低いため黒く見える。

❸ 黒点を観察すると，太陽が自転していることや，球形であることがわかる。

❷ ❶ 日本では，太陽は東の空からのぼり，南の空を通って，西の空へと移動する。よって，Bが南，Cが東，Dが北，Eが西である。

❷ 春分と秋分は，太陽は真東からのぼり，真西に沈む。夏至の日の出，日の入りは，それぞれ真東，真西よりも北よりになり，冬至では南よりになる。

❹ 北半球が太陽の方に向いているのが夏である。よって，⑦夏⑦秋⑤冬⑦春となる。

❸ ❶ 金星は地球の内側を公転しているので，いつも太陽と同じ方向にある。そのため，真夜中には見ることができない。

❷❸ よいの明星は，太陽と地球を結ぶ直線よりも金星が左側にあるときである。よいの明星は，夕方の西の空に見える。エやオは，明け方の東の空に見える明けの明星である。

❹ 太陽に照らされて，右側が細くかがやいて見える。

❹ ❶ 月は，北極側から見て，地球のまわりを反時計回りに回って，新月→上弦の月→満月→下弦の月→新月の順で変化する。

❷ 図2で，地球から月を見たときに，月のどの部分が光って見えるかを考えればよい。たとえば，⑦は，月の光っているほうだけが地球に向いているから満月である。

❸ 新月のとき，地球−月−太陽の順に，ほぼ一直線上に並ぶ位置関係にある。

❹ 月食は，月−地球−太陽の順に一直線上に並んだときで，月が地球の影に入ると起こる。

化学変化とイオン

p.25-26　Step ❷

❶ ❶ 電極の先を蒸留水で洗う。

❷ ⑦，⑦，⑤，⑥

❸ 電解質

❷ ❶ ＋

❷ 陽イオン

❸ ① 2　② 電子　③ 失って

❸ ❶ 塩素

❷ 赤インクの色が消える。

❸ ⑦

❹ ❶ ⑦ 陽子

⑦ 中性子

⑦ 電子

❷ ＋の電気

❸ 帯びていない。

❹ 同位体

考え方

❶ ❶ 新しい水溶液に同じ電極を入れる場合，電極に前の水溶液が付着していると，正しい結果を得ることができない。

❷❸ 水溶液には電流が流れるものと電流が流れないものがある。砂糖やエタノールなどは，水にとけても電流が流れない，非電解質である。

❷ ❶❷ 青いしみは，塩化銅水溶液中の銅イオンである。陰極側に移動したということは，銅イオンは＋の電気をもっていることがわかる。このようなイオンを陽イオンという。−の電気をもっているイオンを陰イオンという。

❸ 原子には−の電気をもつ電子と＋の電気をもつ陽子があり，ふつうでは電気的に中性である。電子を失った原子は＋の電気を帯び，電子を受けとった原子は−の電気を帯びる。

❸ 塩酸を電気分解すると，陽極には，プールの消毒薬のようなにおいがする塩素Cl_2が発生する。塩素は非常に水にとけやすいので，管にはたまりにくい。また，陰極には，水素が発生する。

❶ 電極Aは陽極である。陽極には塩素が発生するが，塩素は水にとけやすいので，管にたまりにくい。

❷ 塩素には漂白作用があるため，塩素がとけた水を赤インクで着色した水の中にいれると，インクの色が消える。

❸ 水素の性質を選ぶ。⑦は二酸化炭素，⑦は酸素，⑤はアンモニアの性質である。

❹ ❷〜❹ 陽子の数によって原子の種類が決まる。例えば，陽子が１つの原子は水素原子である。陽子を２つもつ原子はヘリウム原子であり，中性子を２つもつ。原子核のまわりに電子を，水素原子は１つ，ヘリウム原子は２つもっており，それぞれ原子全体として電気を帯びていない状態となっている。

p.28-29　Step ❷

❶ ❶ （青）色がうすくなった。

❷ 水溶液中の銅イオンが少なくなったから。

❸ マグネシウム，亜鉛，銅

❷ ❶ 亜鉛板ぼろぼろになった。

銅板赤い物質（銅）が付着した。

❷ 亜鉛

❸ 銅板

❸ ❶ 化学エネルギー

❷ ⑦

❹ ❶ ⑦，⑦，⑦

❷ 充電により，くり返し使える。

❸ 燃料電池

❹ $2H_2 + O_2 \longrightarrow 2H_2O$

考え方

❶ イオンになりやすい金属は，電子を失って水溶液中にとけ出し，水溶液中の陽イオンが電子をうけとって金属になって現れる。

❶ ❷ 塩化銅水溶液は青色をしている。これは，銅イオンの色である。

❸ 表より，マグネシウム片は，硫酸亜鉛水溶液を加えても，硫酸銅水溶液を加えても変化している。亜鉛板は，硫酸マグネシウム水溶液を加えても反応しなかったが，硫酸銅水溶液を加えたときは反応した。銅片は硫酸マグネシウム水溶液を加えても，硫酸亜鉛水溶液を加えても変化しなかった。このことから，マグネシウムがもっともイオンになりやすく，銅がもっともなりにくいとわかる。

❷ イオンになりやすい金属が，電子を失ってとけ出す。電子は導線を通ってもう一方の金属に移動し，水溶液中の陽イオンがその電子を受けとって原子になる。電流は電子の移動の向きと逆に流れるため，イオンになりやすい金属板が−極になる。

❶ ❷ 銅より亜鉛のほうがイオン（Zn^{2+}）になりやすいので，亜鉛板はとけ出してぼろぼろになり，銅板には銅が付着する。

❸ 電子は亜鉛板から銅板へ移動する。電流の向きはその逆である。

❸ ❶ 金属がイオンになる変化は化学変化である。

❷ 電子オルゴールは，オルゴールの＋極を電池の＋極に，−極を電池の−極につないだときだけ，音が出る。したがって，実験で電子オルゴールが鳴らなかったのは，とりつける電極を間違えたからである。ダニエル電池では，銅板が＋極，亜鉛板が−極になるので，銅板と電子オルゴールの＋極，亜鉛板と電子オルゴールの−極をつなぐ。

❹ ❶ ❷ 一次電池とは，充電できない電池のことである。

❸ ❹ 燃料電池は，水素と酸素が結びつくときの化学エネルギーを電気エネルギーとして直接とり出す電池のことである。反応後には水だけ生じて有害な排出ガスが出ないこと，水素を供給し続ければ継続して電気をとり出せることから，環境に悪影響が少ない電池として開発が進められている。

p.31-32 **Step ❷**

❶ ① × ② × ③ 青
④ 赤 ⑤ × ⑥ ×
⑦ 黄 ⑧ 緑 ⑨ 青
⑩ × ⑪ × ⑫ 赤

❷ ❶ 名称 水素イオン 化学式 H^+
❷ 名称 水酸化物イオン 化学式 OH^-
❸ B
❹ A，D
❺ H_2

❸ ❶ 電流が流れるようにするため。
❷ ⑦
❸ ⑤
❹ $HCl \longrightarrow H^+ + Cl^-$

❹ ①，②

考え方

❶ これ以外にもpHを知るための指示薬として
pH試験紙がある。これはしみこませた液の
pHによって色が変化する指示薬である。

❷ BTB溶液の反応より，試験管AとDの水溶液
は酸性，Bはアルカリ性，Cは中性である。
❶ 酸性の水溶液は，水溶液中に水素イオン
H^+がある。
❷ アルカリ性の水溶液は，水溶液中に水酸化
物イオンOH^-がある。
❸ フェノールフタレイン溶液は，アルカリ性
と反応して赤くなる。
❹❺ マグネシウムリボンは，酸性の水溶液
と反応して水素が発生する。

❸ ❶ 乾いたろ紙やpH試験紙は電流が流れない。
そこで，結果に影響を与えない中性の電
解質の水溶液で湿らせる。
❷ 塩酸中のH^+が陰極に引き寄せられる。pH
試験紙は，酸性で赤色になる。
❸ 水酸化ナトリウム水溶液中のOH^-が陽極
に引き寄せられる。pH試験紙は，アルカ
リ性で青色になる。
❹ 塩化水素はHCl。

❹ pHが7のときが中性。7より数字が小さい
ほど酸性が強く，7より数字が大きいほどア
ルカリ性が強い。

p.34-35 **Step ❷**

❶ ❶ ⑤
❷ ゴム球がいたまないようにするため。

❷ ❶ ⑤
❷ 塩化ナトリウム
❸ 塩

❸ ❶ しだいに気体の発生は弱くなる。
❷ 中和
❸ ① OH^- ② H_2O

❹ ❶ アルカリ性
❷ Bの水溶液
❸ 7
❹ 起こっていない。

考え方

❶ こまごめピペットは，少量の液体を必要な量
だけとるときに使う器具である。ピペットの
先は割れやすいため，まわりにぶつけたりし
ないように注意する。液体がゴム球に流れこ
むとゴム球がいたむので，ピペットの先を上
に向けないようにする。

❷ 酸性の水溶液とアルカリ性の水溶液を混ぜ合
わせると，それぞれの性質をお互いに打ち消
し合って中性になる。
❶ フェノールフタレイン溶液は，アルカリ性
で赤色になる。中性や酸性では無色である。
❷❸ アルカリの陽イオンと酸の陰イオンが
結びつくと，塩ができる。
ナトリウムイオン＋塩化物イオン──→塩
化ナトリウム（$Na^+ + Cl^- \longrightarrow NaCl$）

❸ 塩酸にマグネシウムリボンを入れると，水素
が発生する。
❶ 酸性が弱くなれば，水素の発生は弱くなる。
❷❸ 酸の性質を示す水素イオンH^+と，アル
カリの性質を示す水酸化物イオンOH^-が
結びついて，水H_2Oができる反応である。

❹ ❶ ＡのOH⁻とＢのH⁺が結びついて水H_2Oが
できる。図より，ＡのOH⁻の数のほうが
多いので，アルカリ性を示す。

❷ 残ったOH⁻と結びつくだけH⁺を加えれば
よい。

❹ 中性になった後，塩酸を加えていっても，
中和反応はない。

p.36-37 **Step ❸**

❶ ❶ 青色

❷ 銅が付着する。

❸ Cl_2

❹ 青色を示す銅イオンが少なくなってきたか
ら。

❷ ❶ 陽イオン

❷ ⑦，⑨

❸ 銅

❸ ❶ 亜鉛板 ぼろぼろになった。
銅板 銅（赤い物質）が付着した。

❷ 亜鉛板

❸ ①Zn^{2+} ② 2

❹ ❶ 水にとけると，電離して水素イオンを生じ
る物質。

❷ 色 緑 pH 7

❸ ⑦，⑦

❺ ❶ 右図

❷ $BaSO_4$

❸ 塩

考え方

❶ ❶ 電解質の塩化銅がとけた水溶液では，塩化
銅が電離して，銅イオン（Cu^{2+}）と塩化
物イオン（Cl^-）として存在している。水
溶液中に銅イオン（Cu^{2+}）があるため，
水溶液の色が青色になっている。

❷ 陽イオンのCu^{2+}が陰極に引きつけられ，
炭素棒電極に付着する。

❸ 陰イオンのCl^-が陽極に引きつけられ，電
子を放出して原子となり，2個結びついて
分子になる。

❹ 塩化銅水溶液の青色は，銅イオンによる色
である。電気分解を続けると，銅イオンが
陰極で電子を受けとり銅原子になるので，
水溶液中の銅イオンが少なくなり，色がう
すくなる。

❷ ❶ イオンになりやすい金属を，それよりもイオ
ンになりにくい水溶液に入れると金属がとけ
出し，水溶液中の陽イオンが現れる。

❷ イオンになりやすさは，マグネシウム＞亜
鉛＞銅であることから考える。

❸ 青色になったことから，銅がイオンになっ
たと考えられる。また，出てきた結晶は
銀であると考えられる。

❸ ❶ 亜鉛板から亜鉛がとけ出して電子を放出し
亜鉛イオンになるため，亜鉛板はぼろぼろ
になる。銅板上では，銅イオンが電子を受
けとって銅になる。

❷ 電子は亜鉛板から銅線を通って銅板へ移動
する。電流の向きはその逆になる。

❹ 中和とは，酸とアルカリがたがいの性質を打
ち消し合う反応で，水素イオンと水酸化物イ
オンから水が生じる。

❸ 酸性から中性になるまでの間，中和は起こ
っているが，その後は中和は起こっていな
い。

❺ ❶ 水酸化バリウムは$Ba(OH)_2$である。水に
とけると，Ba^{2+}と$2OH^-$に電離する。Ba^{2+}
とOH⁻は，1：2の割合で存在している。

❸ 酸とアルカリが反応してできたものを塩と
いう。

運動とエネルギー

`p.39-41` `Step ❷`

❶ ❶ b
　❷ b と e
　❸ d

❷ ❶ ㋔
　❷ 深さとは関係がない。
　❸ 0.4 N

❸ ❶ 右図
　❷ ① 2 N
　　② 4 N
　　③ 6 N
　　④ 7 N
　　⑤ 4 N
　　⑥ 4 N

❹ ❶ 右図
　❷ 4 N

❺ 下図

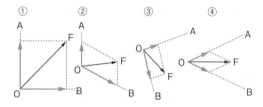

考え方

❶ ❶ ゴム膜は，水に押されてへこむ。このとき，水の深さが深いほど水圧は大きくなるので，下のゴム膜の方が大きくへこんでいる。
　❷ 同じ深さのものを選ぶ。
　❸ もっとも深いところにあるものを選ぶ。

❷ ❶ 水圧は，あらゆる方向からはたらき，深さが深いほど大きくなる。

❷ 表から，浅いときのばねばかりが示す値と深いときのばねばかりが示す値は同じである。つまり，深さと浮力は関係がない。

❸ 空気中のときのばねばかりが示す値から水中でばねばかりが示す値を引いた値が，浮力の大きさである。

❸ ① 2 力は反対向きで一直線上にある。このときの合力の大きさは 2 力の大きさの差であり，合力の向きは大きいほうの力と同じ向きになる。

②③⑤⑥ 与えられた 2 力を 2 辺とする平行四辺形をかき，その平行四辺形の対角線をかく。

④ 2 力は同じ向きで一直線上にある。このときの合力の大きさは 2 力の大きさの和であり，合力の向きは 2 力の向きと同じ向きになる。

❹ ❶ まず，A と B の合力をかき，その合力とつり合う力をかく。
　❷ 1 目盛りが 1 N なので，図より 4 N になる。

❺ F を対角線とし，A の方向と B の方向を 2 辺とする平行四辺形をかくと，その 2 辺が F の分力となる。

`p.43-44` `Step ❷`

❶ ❶ 速さ〔m/s〕 = $\dfrac{\text{移動距離〔m〕}}{\text{移動にかかった時間〔s〕}}$

　❷ ① 60 km/h　② 25 m/s　③ B
　❸ 3 時間12分
　❹ 320 km

❷ ❶ ㋒
　❷ ㋑
　❸ ㋒
　❹ ㋐
　❺ ㋓

❸ ❶ ㋑
　❷ ㋑
　❸ 大きくなる。

❹ ❶ 0.05秒間
　❷ 120 cm/s
　❸ 等速直線運動
　❹ 慣性

考え方

❶❷① $\dfrac{240\,\text{km}}{4\,\text{h}} = 60\,\text{km/h}$

　② $\dfrac{210\,\text{km}}{140\,分} = \dfrac{210000\,\text{m}}{8400\,\text{s}} = 25\,\text{m/s}$

　③ Aの速さをm/sの単位で表すと，

　　$\dfrac{240000\,\text{m}}{14400\,\text{s}} ≒ 16.7\,\text{m/s}$より，Bのほうが

　　速い。

　③ $\dfrac{距離}{速さ}$ で時間を求め，単位が「時」のとき

　　は端数×60で「分」に直す。時間 $= \dfrac{距離}{速さ}$

　　$= \dfrac{192\,\text{km}}{60\,\text{km/h}} = 3.2時間$。0.2時間は，

　　$(0.2×60)$ 分$=12$分

　④ 距離 $=$ 速さ×時間 $= 120\,\text{km/h}×\dfrac{8}{3}\text{h} =$

　　$320\,\text{km}$

❷ 図のテープでは打点は左から右へと進んでいる。1打点間の時間は同じだから，その間隔が広いほど速さは大きい。

　① 打点間隔がしだいに小さくなっていくテープ。㋤と間違えやすいので注意。㋤ははじめ等間隔である。

　② 平均の打点間隔がもっとも広いテープ。

　③ 打点間隔がすべて同じテープ。

　④ 打点間隔がだんだん広くなっていって，最後は同じ間隔になっているテープ。

　⑤ 最初は打点間隔が同じで，最後はだんだん小さくなっていくテープ。

❸① 台車の運動は，おもりが重力によって上から下へ移動する運動である。台車には，常に一定の力がはたらいているため，速さは次第に速くなる。

　② 台車の速さは一定の割合で大きくなるため，移動距離は時間に比例して大きくなる。

　③ おもりが重いと，おもりにはたらく重力も大きくなるので，台車にはたらく力も大きくなる。

❹① 打点間の距離が変化している時間。A〜Dの3打点間だから，$\dfrac{1}{60}\text{s}×3 = 0.05\,\text{s}$

　② 速さ $= \dfrac{距離}{時間} = 2.0\,\text{cm}÷\dfrac{1}{60}\text{s} = 120\,\text{cm/s}$

p.46-47　Step ❷

❶① 2.4 cm
　② ① 24　② 72　③ 120　④ 168
　③ 右図
　④ 144 cm/s
　⑤ ㋐
❷① 5 N
　② ㋒

❸ 台車に斜面下向きの力がはたらくから。
❹ 台車に斜面下向きの力がはたらき続けているるから。
❺ 傾きが大きいほど，斜面下向きの力が大きくなるから。
❸① ① 同じ（等しい）　② 逆（反対）
　　③ 作用　④ 反作用
　② 記号 a
　　その後の運動うしろ向き（aの向き）に進む。
　③ たがいに近づく。

考え方

❶ 斜面上の台車には，つねに重力が下向きにはたらいている。この重力の斜面に平行な分力が台車にはたらき続けるので，台車の速さはしだいに大きくなっていく。

① 1秒間に60回打点する記録タイマーが1回打点するのに要する時間は $\dfrac{1}{60}$ 秒である。よって，6打点する時間は，

$\dfrac{1}{60}\text{s}×6 = 0.1\,\text{s}$。したがって，最初の6打点間に進んだ距離は2.4 cm。

❷ 速さ ＝ $\dfrac{距離}{時間}$ であり，時間はすべて0.1秒

であるから，

① $\dfrac{2.4\,\text{cm}}{0.1\,\text{s}} = 24\,\text{cm/s}$

② $\dfrac{7.2\,\text{cm}}{0.1\,\text{s}} = 72\,\text{cm/s}$

③ $\dfrac{12.0\,\text{cm}}{0.1\,\text{s}} = 120\,\text{cm/s}$

④ $\dfrac{16.8\,\text{cm}}{0.1\,\text{s}} = 168\,\text{cm/s}$

❸ ❷ の値をグラフに記入する。時間0では速さも0になることに注意する。

❹ 前後の平均を求める。

（120 cm/s ＋ 168 cm/s）÷ 2 ＝ 144 cm/s

❺ 斜面の傾きが大きくなると，斜面にそって下向きにはたらく力が大きくなる。したがって，台車が斜面を下りる速さのふえ方は大きくなるから，グラフの傾きは大きくなる。

❷ ❶ 斜面の角度が同じなら，斜面上のどこでも同じ大きさで，斜面下向きの力がはたらいている。

❷ 斜面下向きの最大の力は，斜面の角度が90°のときの10Nであり，斜面の角度45°のときは7Nであるから，その間の力になる。

❸ 斜面上に置いた台車には，重力による斜面に平行な分力と斜面に垂直な分力がはたらく。このうち，斜面に平行な分力が斜面にそって下向きにはたらくので，台車は斜面にそって下向きに運動する。

❹ 斜面下向きの力が，はたらき続けているので，台車はしだいに速くなる。

❺ 斜面下向きの力が大きくなる。

❸ ❶ 作用・反作用の法則で，加えた力と同じ大きさの逆向きの力を受ける。図1では壁に押し返されてうしろ向き（図の右向き）に進み出す。

❷ 砲丸がbの向きに進むので，その逆向きに力がはたらき，aの向きに進み出す。

❸ 綱で引き合うと，どちらも相手に引かれる力がはたらくので，近づいていく。

なお，物体にはたらく2力の関係には，次の2つがある。

AとBの2力は，「つり合いの関係」である。Aは，机が箱を押す力（垂直抗力）であり，Bは箱にはたらく重力である。どちらの力も箱にはたらく力である。

CとDの2力は，作用・反作用の関係である。Cは，机が箱を押す力（垂直抗力）であり，Dは箱が机を押す力である。

p.49-50　Step ❷

❶ ❶ 50 J

❷ 5 N

❸ 0 J

❷ ❶ 2 J

❷ 20000 J

❸ 0 J

❸ ❶ 下図

❷ 0.9 J

❹ ❶ 図1：3 N　図2：1.5 N

❷ 図1：0.3 m　図2：0.6 m

❸ 図1：0.9 J　図2：0.9 J

❹ 仕事の大きさはどちらも同じである。

❺ 仕事の原理

❺ ❶ 300 J

❷ 5 m

❻ ❶ 600 J

❷ 4 m

❸ 150 N

❹ 60 W

考え方

❶ ❶ 5 N×10 m＝50 J

❷ ゆっくり一定の速さで動かしたので，加える力は摩擦力と同じ大きさである。

❸ 力がはたらいても物体が動かなければ，仕事の量は0 Jとなる。

❷ ❶ 2 N×1 m＝2 J

❷ 2000 N×10 m＝20000 J

❸ バーベルは動かないので，仕事をしたことにならない。

❸ ❶ 摩擦力は，物体が接する面ではたらき，ゆっくり一定の速さで引く場合，物体を引く力とつり合っている。よって，物体と床が接する面を作用点とし，物体を引く力と反対向きに同じ大きさの矢印をかく。

❷ 3 N×0.3 m＝0.9 J

❹ ❶ 図2のように動滑車を使うと，引き上げる力は，図1の場合の半分になる。

❸ 図1…3 N×0.3 m＝0.9 J
図2…1.5 N×0.6 m＝0.9 J

❺ ❶ 物体にはたらく重力は100 Nなので，
100 N×3 m＝300 J

❷ 斜面CDを使っても仕事の量は300 Jなので，斜面CDの長さは，300 J÷60 N＝5 m

❻ ❶ 300 N×2 m＝600 J

❷❸ 動滑車を使うと，定滑車だけのときよりもひもを引く力の大きさは半分になるが，ひもを引く長さは2倍になる。

❹ $\dfrac{600 \text{ J}}{10 \text{ s}} = 60 \text{ W}$

---

p.52-53 Step **❷**

❶ ❶ B

❷ C

❸ 位置エネルギー

---

❷ ❶ 小球の速さが速いほど，くいの移動距離が大きい。

❷ 小球の質量が大きいほど，くいの移動距離が大きい。

❸ 運動エネルギー

❸ ❶ A，E

❷ C〜E

❸ C

❹ E

❺ 力学的エネルギー

❹ ❶ C

❷ 力学的エネルギーは保存されるから。

❸ 力学的エネルギー保存の法則

考え方

❶ 位置エネルギーの大きさは，基準面からの高さが高いほど，物体の質量が大きいほど大きい。

❶ AとBのちがいは，おもりの高さである。

❷ BとCのちがいは，おもりの重さである。

❷ 運動エネルギーの大きさは，物体の速さが大きいほど，物体の質量が大きいほど大きい。

❶ 図2のグラフで，質量28.2 gの小球の，速さとくいの移動距離の関係を比べると，小球の速さが大きいほど，くいの移動距離が大きくなっていることがわかる。

❷ 図2のグラフで，小球の速さが同じときの，小球の質量とくいの移動距離の関係を比べると，小球の質量が大きいほど，くいの移動距離が大きくなっていることがわかる。

❸ ❶ 振り子は，ふれ幅の両端の高さが最も高くなる。おもりはここで速さが0になるので，位置エネルギーは最大だが，運動エネルギーは0になる。

❷ A→Cでは，おもりの高さが低くなっていくので位置エネルギーは減少し，おもりの速さが大きくなるので，運動エネルギーは増加する。C→Eでは，おもりの高さは高くなっていくので位置エネルギーは増加し，おもりの速さは小さくなるので運動エネルギーは減少する。

❸ おもりが中央にきたとき，おもりの速さが最も大きくなるので，運動エネルギーは最大になる。

❹ AとEでは，速さが0になるので，運動エネルギーは0となる。

❹ ❶❷ 力学的エネルギーは保存されるので，Aと同じ高さまで上がる。

p.55-57　Step ❷

❶ ❶ 熱エネルギー

❷ 光エネルギー

❸ 化学エネルギー

❹ 位置エネルギー

❺ 弾性エネルギー

❷ ❶ 電気エネルギー

❷ 回った。

❸ 音や熱などの別のエネルギーに変換されたから。

❸ ❶ ㋧

❷ 光合成

❸ ㋐

❹ ㋒

❺ 原子力発電

❻ 熱

❼ エネルギー保存の法則

❹ ❶① 小さい　② 高い

❷ 熱エネルギー（音でも可）

❺　84%

❻ ❶ⓐ 熱伝導（伝導）　ⓑ 対流　ⓒ 熱放射（放射）

❷ⓐ㋑　ⓑ㋒　ⓒ㋐

考え方

❶ ❶ 蒸気機関車などに利用。石炭などを燃やして発生する熱を利用して水を沸騰させ，水蒸気の圧力でピストンを動かして走る。

❸ 都市ガスにはメタンなどがふくまれ，これらの化学エネルギーが熱に変わる。

❹ 水の位置エネルギーが運動エネルギーに変わり，発電機を動かす。

❺ ばねなどは力を加えると変形するが，もとにもどるとき物体を動かす。変形した物体がもとにもどろうとして生じる力を弾性力（弾性の力）といい，変形した物体がもつエネルギーを弾性エネルギーという。

❷ ❶ モーターは，電流が流れたとき回転する。

❷ おもりが下に下がると，モーターが回転し，電流（誘導電流）が流れる。この電流が手回し発電機に流れ，ハンドルが回る。

❸ エネルギーが変換されるとき，音や熱，振動などにも変換されてしまう。もとのエネルギーから目的のエネルギーに変換される割合を，変換効率という。

❸ ❶❷ 日光（光エネルギー）が植物の光合成に用いられている。

❸ ダムは水を高い位置にたくわえるはたらきがある。

❹ 扇風機は運動，電灯は光，テレビは光と音に変えている。

❺❻ ウランなどの原子核が核分裂するときのエネルギーを利用して水を高温にし，できた水蒸気の圧力で発電機のタービンを回して発電する。

❹ ❶ LED電球は，少ない消費電力で明るくなる。このような器具は，エネルギーの変換効率が高い。

❷ 摩擦などによって，一部のエネルギーが熱や音などに変換される。

❺ 1200gの水を24℃上昇させるために必要な熱量は4.2J×1200g×24℃〔J〕
消費電力が1200Wの電気ポットに2分間電流を流したときの熱量は，
1200W×（2×60）秒〔J〕
したがって，変換効率は

$$\frac{4.2 \times 1200 \times 24}{1200 \times 120} \times 100 = 84\%$$

❻ 熱の伝わり方には，熱伝導（伝導），対流，熱放射（放射）の3つがある。

❶ ①オ，エ，イ
　②ア，イ，イ
　③カ，エ，イ

❷ ❶太陽光発電
　❷地熱発電
　❸風力発電
　❹長所発電時に化石燃料を使わないので，二酸化炭素や汚染物質を排出しない。
　短所風により，発電量が大きく変化する。（騒音や振動が発生する。設置場所が限られる。）
　❺①生物資源（バイオマス）
　②カーボンニュートラル

考え方

❶ 発電では，いろいろなエネルギー資源を変換することによって，電気をとり出している。
　① 火力発電は，化学エネルギー（天然ガス・石炭・石油）→熱エネルギー（水蒸気）→電気エネルギー
　② 水力発電は，位置エネルギー（水）→電気エネルギー
　③ 原子力発電は，核エネルギー（ウラン）→熱エネルギー（水蒸気）→電気エネルギー

❷ ❶太陽光発電は光エネルギーを直接電気エネルギーに変換する。
　❷地熱発電は，マグマの熱によって発生した水蒸気をとり出し，タービンを回して発電する。
　❸風力発電は，風の力で風車を回し，発電機を回転させる。
　❹自然の力を利用する発電は，天候などによって発電量が左右される，設置場所が限られるという短所があるが，二酸化炭素量がふえない，汚染物質を出さないなどの利点もある。

❺ バイオマスは，木片や落ち葉といった生物資源のことである。植物は，光合成のときに二酸化炭素を吸収しているので，燃やして二酸化炭素を排出しても，全体として二酸化炭素量はふえない（カーボンニュートラル）と考えられている。

❶

❷ ❶ j～m
　❷ 60 cm/s
　❸ イ
　❹ 比例
　❺ エ
　❻ ウ

❸ ❶ 減少する。
　❷ A
　❸ C
　❹ 2倍
　❺ 4倍

❹ ❶ 30 J
　❷ 0.6 m
　❸ 6 W

考え方

❶ ① 示された力を対角線として与えられた2方向を2辺とする平行四辺形をつくる。
　② 太い矢印で示されたAを対角線，細い矢印で示された分力Bを1つの辺として，平行四辺形をつくる。

❷ ❶ テープは単位時間ごとの台車の移動距離，つまり速さを表している。j～mまではテープの長さに変化がなく，速さが一定である。

❷水平面では速さが一定になり，図2より6
　打点で6cm進む。記録タイマーは1秒間
　に60回打点するので，6回打点する時間
　は$\frac{1}{60}$s×6＝0.1sである。よって，台

　車の速さは，$\frac{6\,cm}{0.1\,s}$＝60cm/sである。

❸速さと時間のグラフは図2と同じ形になる。
　つまり，テープのa〜iの部分は，速さが
　一定の割合で増加し，j〜mの部分は，速
　さが一定の運動（等速直線運動）である。

❹速さが一定の運動（等速直線運動）になる
　から，進む距離は時間に比例する。

❺テープのa〜iの部分では，速さがふえて
　いるので，進んだ距離と時間のグラフは直
　線にならず，曲線になる。j〜mの部分で
　は速さが一定なので，グラフは直線になる。

❻水平面では等速直線運動をしているので，
　進行方向には力がはたらいていない。一方，
　上下方向には台車の重力と，重力につり合
　う抗力がはたらいている。

❸❶A点とB点の高さの差だけ位置エネルギー
　が減少する。

❷もっとも高い場所にあるとき，位置エネル
　ギーがもっとも大きくなる。

❸力学的エネルギーが保存されるから，運動
　エネルギーがもっとも大きい点は，位置エ
　ネルギーがもっとも小さい点になる。すな
　わち，高さがもっとも低い点になる。

❹❺基準面からの高さでエネルギーの大き
　さを表すと，次のようになる。
　・位置エネルギー
　　点A…100　点B…20　点E…60
　・運動エネルギー
　　点A…0　点B…80　点E…40
　・力学的エネルギー
　　点A…100　点B…100　点E…100
　B点でもつ運動エネルギーは，E点でもつ
　運動エネルギーの，80÷40＝2倍である。
　また，B点でもつ運動エネルギーは，位置
　エネルギーの，80÷20＝4倍である。

❹❶10kg＝10000gより10000÷100＝100N
　よって求める仕事は100N×0.3m＝30J

❷てこの両端で仕事の大きさは同じである。
　したがって　てこを押し下げる距離をxと
　すると，
　50N×xm＝30J　x＝0.6m

❸仕事率W＝$\frac{30\,J}{5\,s}$＝6W

自然と人間

❶❶食物連鎖

❷植物プランクトン　　　C

❷❶生産者

❷消費者

❸右図

❹生物濃縮

❸❶土の中の微生物を殺すため。

❷A

❸菌類，細菌類

❹分解者

❺水，二酸化炭素

❹❶㋐二酸化炭素　㋑酸素

❷光合成

❸炭素

考え方

❶❶❷光合成を行う植物を出発点として食物
　連鎖が成り立っている。

❷❶植物だけが，光合成によって，無機物（水
　と二酸化炭素）から有機物（デンプンなど）
　をつくり出すことができる。

❷生産者以外の生物は，他の生物を食べるこ
　とで，有機物を得ている。

❸草食動物が減ると，草食動物が食べていた
　植物がふえ（B），ついで，草食動物をえ
　さにしていた肉食動物が減った（B）。こ
　の後，肉食動物に食べられる数が減ったた
　めに草食動物がふえ，同時に，草食動物が
　食べる植物が減ると考えられる。

❹ 排出されにくい物質は，生物の中に蓄積され，食物連鎖の上位の生物ほど，高濃度になる。

❸ ❶ 土に水を入れたものの上澄み液には，土中の微生物がふくまれていると考えられる。加熱すると，その中の微生物のほとんどが死滅するため，対照実験ができる。

❷ ヨウ素液は，デンプンがあると青紫色に変化する。もし，微生物のはたらきによってデンプンが分解されたなら，ヨウ素液の反応はない。答えるのは，ヨウ素液を加えたときに色が変化するほうなので，デンプンが分解されていないＡが答えになる。

❸ 目に見えないほど非常に小さいが，土中には，シイタケ，アオカビなどの菌類，納豆菌，大腸菌，結核菌などの細菌類がいる。

❹❺ このような微生物は，葉緑体をもたないので，光合成ができない。そこで，生物の遺骸や排出物の有機物を，呼吸によって水や二酸化炭素などの無機物に分解し，そのときに取り出されるエネルギーを利用して生きている。したがって，分解者は消費者でもある。なお，微生物のほか，シデムシやミミズ，ヤスデなどの小動物も分解者である。

❹ 二酸化炭素を吸収するはたらきが光合成で，放出するはたらきが呼吸である。また，炭素は有機物や二酸化炭素として生物の体と外界との間を循環している。

p.66 Step ❷

❶ ❶ ① 石油　② 電気　③ じょうぶで
　　④ ポリエチレン
　　⑤ ポリエチレンテレフタラート
　　⑥ 浮く　⑦ 沈む
　❷ 二酸化炭素
　❸ 有機物
　❹ ④

❷ ❶ AI
　❷ インターネット

考え方

❶ プラスチックは，大きな分子からなる高分子化合物とよばれる物質の一種である。自然界の菌類や細菌類には分解されにくく，腐らず長持ちする，電気を通さない，水をはじいてぬれない，熱するととけて燃えるなどの性質がある。

❶ プラスチックは軽くて加工しやすいことから，いろいろな容器などが作られてる。腐らないため長持ちし，電気を通さないので，絶縁体にも使用される。水への浮き沈みが異なるのは，プラスチックは種類によって密度がちがうからである。

❷❸ 石油などを原料とし，炭素原子と水素原子からできている高分子化合物であるので，火をつけると燃える。燃えて二酸化炭素を出す（炭素をふくむ）物質は有機物である。

❹ こまかくなったプラスチック（マイクロプラスチック）が，生物の体内に蓄積されたり，魚や海洋生物がえさとまちがえて飲み込んでしまったりと，さまざまな問題が出ている。

❷ ❶ artificial intelligenceの略である。
　❷ インターネットだけでなく，通信機器の発達もある。

p.68-69 Step ❷

❶ ❶ ⊕
　❷ ④

❷ ❶ リデュース，リユース，リサイクル（順不同）
　❷ 持続可能な社会

❸ ❶ ① A　② C　③ B
　　④ E　⑤ F　⑥ D
　❷ ① E　② A　③ C
　　④ B　⑤ D　⑥ F

19

考え方

❶ ❶交通量が多いところのカイヅカイブキの汚れが多いことから，自動車の排気ガスが原因だと考えられる。

❷これらの生物を指標生物という。見つかった指標生物のうち，数が多かった上位から２種類を２点とし，それ以外の生物は１点として水質を調査する。表では，カワニナ類とヤマトシジミが多いので，ややきれいな水だと思われる。

❷ ❶Reduce（リデュース）は買い物袋を持参したり，つめかえ用の洗剤を購入したりして，ごみの発生を抑制する活動である。Reuse（リユース）は，中古商品やガラス製のびんなどを再利用する活動である。Recycle（リサイクル）は，空きびんやペットボトルなどを回収・再利用するなど，廃棄物を再資源化する活動である。

❷❶の循環型社会のほかに，低炭素社会や自然共生型社会など，自然環境を保全しつつ，現在の便利で豊かな生活を続けることを考えなければならない。

❸それぞれの環境問題に対して，その原因，そして将来への影響を理解しておく。

A　フロンの放出→オゾン層の破壊→紫外線が増加し，人間の健康に悪い影響をもたらす。

B　窒素酸化物，硫黄酸化物などの放出→酸性雨→森林が枯れ，生物のすめない土壌になる。

C　窒素化合物をふくむ生活排水や農業排水→赤潮→水中の酸素が不足し，魚が死ぬ。

D　耕地の拡大→熱帯雨林の消失→温暖化を進め，生物のつり合いを破壊する。

E　二酸化炭素の増加→地球温暖化で氷がとける→低地が水没する。

---

p.70-71 **Step ❸**

❶ ❶食物連鎖

❷少なくなる。

❸①えさ　②一定　③人間　④時間

❹⑦

❷ ❶上澄み液の中の微生物を殺すため。

❷外から微生物が入らないようにするため。

❸B

❸ ❶b，d

❷分解者

❹ ❶地球温暖化

❷二酸化炭素

❸化石燃料　人口増加にともない，化石燃料を多く燃やすようになったため。

森林　森林が減って二酸化炭素の吸収量が減ったため。

❹⑦

考え方

❶ ❹草食動物ⓑが減ると，それをえさにしていた小形の肉食動物ⓒもえさ不足で減る。一方，草食動物ⓑに食べられていた植物ⓐは，あまり食べられなくなるのでふえる。

❷ ❶加熱すると，上澄み液の中の微生物が死ぬ。

❷実験の途中で，外から微生物が入り込むと，正確な結果が得られない。

❸ヨウ素液がこい青紫色になるのは，そこにデンプンが残っているからである。デンプンが微生物によって分解されているビーカーAでは，ヨウ素液は反応しない。

❸ ❶aは植物が光合成によってつくったデンプンなどの有機物の移動を表し，cは生物の遺骸や排出物などの有機物を表している。

❷土の中の小動物や菌類・細菌類があてはまる。

▶ 本文 p.70-71

❹ ❷ ❸ 人口が増え，産業や発電のために化石燃料が燃やされて二酸化炭素がふえる。同時に，住むところを増やしたり，建築や燃料をふやすために森林が伐採され，そのために光合成量が減り，二酸化炭素吸収量が減る。

❹ 石炭も天然素材も，有機物を燃やすと二酸化炭素を排出する。フロン類は，オゾン層を破壊するものなので，温室効果とは関係がない。化石燃料をやめ，バイオマスや太陽光発電などの利用することが大切である。

A

テスト前 ☑ やることチェック表

① まずはテストの目標をたてよう。頑張ったら達成できそうなちょっと上のレベルを目指そう。
② 次にやることを書こう（「ズバリ英語〇ページ，数学〇ページ」など）。
③ やり終えたら□に✓を入れよう。
　　最初に完ぺきな計画をたてる必要はなく，まずは数日分の計画をつくって，
　　その後追加・修正していっても良いね。

目標

	日付	やること1	やること2
2週間前	／	☐	☐
	／	☐	☐
	／	☐	☐
	／	☐	☐
	／	☐	☐
	／	☐	☐
	／	☐	☐
1週間前	／	☐	☐
	／	☐	☐
	／	☐	☐
	／	☐	☐
	／	☐	☐
	／	☐	☐
	／	☐	☐
テスト期間	／	☐	☐
	／	☐	☐
	／	☐	☐
	／	☐	☐
	／	☐	☐

テスト前 ☑ やることチェック表

① まずはテストの目標をたてよう。頑張ったら達成できそうなちょっと上のレベルを目指そう。
② 次にやることを書こう（「ズバリ英語〇ページ，数学〇ページ」など）。
③ やり終えたら□に✓を入れよう。
　最初に完ぺきな計画をたてる必要はなく，まずは数日分の計画をつくって，
　その後追加・修正していっても良いね。

	目標

	日付	やること1	やること2
2週間前	／	□	□
	／	□	□
	／	□	□
	／	□	□
	／	□	□
	／	□	□
	／	□	□
1週間前	／	□	□
	／	□	□
	／	□	□
	／	□	□
	／	□	□
	／	□	□
	／	□	□
テスト期間	／	□	□
	／	□	□
	／	□	□
	／	□	□
	／	□	□

QRコードのページに登録すると，「ぴたリンク」からも表をダウンロードできるよ

ズバリよくでる → 直前

チェックBOOK

- テストに**ズバリよくでる!**
- **図解**でチェック!

理科
啓林館版
3年

赤シートで何度でも!

生
命

教 p.2〜45

◆ 動物の有性生殖　教 p.5〜9

・生物が自分（親）と同じ種類の新しい個体（子）をつくることを**生殖**という。
・雌雄の親がかかわって子をつくるようなふえ方を**有性生殖**という。

・受精卵が細胞の数をふやしはじめてから，自分で食物をとりはじめる
　前までを**胚**といい，生殖可能な個体を**成体**という。また，胚と成体の
　間の時期のものを**幼生**という。
・受精卵から胚を経て成体になるまでの過程を**発生**という。

◆ 植物の有性生殖　教 p.10〜11

① **花粉** がめしべの柱
　頭につくと **花粉管**
　がのびる。

②花粉管の中
　を **精細胞**
　が移動する。

③ **精細胞** の
　核と **卵細胞**
　の核が合体
　する（**受精**）。

④受精卵が **胚**
　に成長し，胚
　珠全体が **種子**
　になる。

⑤種子が発
　芽し，成
　長してい
　く。

・雄の生殖細胞を**精細胞**，雌の生殖細胞を**卵細胞**という。
・受粉した花粉が胚珠に向かって**花粉管**をのばし，花粉の中の精細胞は
　この中を移動し，胚珠に達する。

生命

◖ 体細胞分裂　教 p.12〜15

①分裂前の細胞。核の中の染色体
　は複製され，数が 2 倍になる。

② 核 の形が見えなくなり，
　染色体 が見えるようになる。

③ 染色体 が細胞の
　中央 部分に集まる。

細胞質

核

染色体

細胞の中央部分

それぞれの細胞がもとの
大きさまで大きくなる。

植物の細胞は中央部分に 仕切り ができる。
動物の細胞は細胞質が くびれる 。

⑥２つに分かれた細胞。染色体 が
　見えなくなり，核 の形が現れる。

⑤ 細胞質 が２つに
　分かれはじめる。

④染色体が分かれ，それぞれ
　細胞の 両端 に移動する。

◖ 遺伝　教 p.17〜24

- 生殖細胞がつくられるときに行われる減数
  分裂後の細胞の染色体の数は，もとの細胞
  の**半分**になる。

- 減数分裂の結果，対になっている遺伝子
  が分かれて別々の生殖細胞に入ることを
  分離の法則という。

- 顕性形質を現す純系AAと，潜性形質を
  現す純系aaをかけ合わせてできた子の
  遺伝子の組み合わせは，すべてAaになり，
  子には顕性形質のみが現れる。
  遺伝子Aaをもつ子どうしをかけ合わせて
  できた孫は，顕性形質と潜性形質が
  3 ： 1 で現れる。

親の
細胞

減数 分裂

生殖
細胞

受精

子の
細胞

受精
卵

子の
細胞

減数 分裂

生殖
細胞

受精

孫の
細胞

受精
卵

3

生
命

教 p.2〜45

◖◗**進化の証拠** 教 p.28〜31

- 生物が長い時間の中で世代を重ねる間に変化していくことを**進化**という。
- 魚類・両生類・は虫類はそれぞれ，**古生代**の前半，中ごろ，後半に現れた。
- 哺乳類・鳥類はそれぞれ**中生代**のはじめ，中ごろに現れた。

- 現在の形やはたらきは異なるが，起源は同じものであったと推測できる器官を**相同器官**といい，進化の証拠の１つと考えられている。

4

▶地球　　宇宙を観る（1）

教 p.46〜101

◖◗ 地球・月・太陽の運動　教 p.52

- 天体がその軸を中心に回転することを**自転**という。
- ある天体がほかの天体のまわりを回ることを**公転**という。

◖◗ 太陽の動き　教 p.66〜72

- 地球が1日1周，西から東へ自転することによって，太陽や星座の星などが東から西へ動いていくように見えることを**日周運動**という。
- 天体が天の子午線上（真南）に来ることを**南中**といい，そのときの高度（地平線から天体までの角度）を**南中高度**という。

- 地球の地軸は**公転面**に垂直な方向に対して約23.4°傾いたまま自転しながら公転しているため，1年を通して太陽の南中高度や昼間の長さが変化する。

地球

5

教 p.46〜101

地球

◖星の日周運動　教 p.74〜77

- 天体の位置や動きを示すため，空を
  球状に表したものを**天球**という。
- 天球は，**天の北極と天の南極を結ぶ線を**
  軸として回転しているように見える。
- 星は，北極星付近（天の北極）を中心と
  して，１時間に約**15°**の速さで反時計
  回りに回転しているように見える。

◖星の年周運動　教 p.78〜81

- 地球の公転により，同じ時刻に見える
  星座の星は，１か月に約30°**西**に動き，
  １年で１周して見える。
- 地球の公転によるこのような星の１年間
  の見かけの動きを，**星の年周運動**という。
- 地球の公転によって太陽が１年で１周する
  ように見える，星座の中の太陽の通り道
  を**黄道**という。

ペガスス座の方向に
太陽が見えるのは 春

さそり座の方向に
太陽が見えるのは 冬

オリオン座の方向に
太陽が見えるのは 夏

しし座の方向に
太陽が見えるのは 秋

地球　　宇宙を観る（3）

教 p.46〜101

◖▶ 月の動きと見え方　教 p.83〜85

- 月が地球のまわりを**公転**することによって，太陽，月，地球の位置関係が変化し，日によって見える形や位置が変わる。
- 満月から次の満月までは約29.5日かかる。この間に月は地球のまわりを1周する（360°回転する）ため，1日につき約12°**西**から**東**へ移動して見える。

地球

◖▶ 金星の動き　教 p.86〜91

- 金星の公転軌道や公転周期と，**地球**の公転軌道と公転周期のちがいにより，太陽，金星，地球の位置関係が変化し，金星が見える方向や満ち欠け，大きさの変化が見られる。

地球から見た金星は，**太陽**のそばに見える。

金星は**明け方**の**東**の空と，**夕方**の**西**の空でしか見えない。

教 p.106〜173

◖電解質の水溶液に電流が流れたときの変化　教 p.108〜114

・電解質の水溶液に電流が流れると，電極付近で変化が見られる。

〔例〕塩化銅水溶液に電流を流したとき

陰極

銅が
付着

①陰極の表面には赤色の物質が付着する。
②陽極付近からはプールを消毒したときのようなにおいがする気体が発生する。
　この気体は漂白作用がある。
→陰極の表面には銅が付着し，陽極付近からは塩素が発生する。

| 塩化銅 | ⟶ | 銅 | ＋ | 塩素 |

$$CuCl_2 \longrightarrow Cu + Cl_2$$

◖原子とイオン　教 p.115〜119

水素原子　　ヘリウム原子

・原子は，＋の電気をもつ原子核と，－の
　電気をもつ電子からできている。

・原子核は，＋の電気をもつ陽子と，電気
　をもたない中性子からできている。

・原子が＋または－の電気を帯びたものを
　イオンという。

・イオンのうち，電子を失い，＋の電気を
　帯びたものを陽イオン，電子を受けとり，
　－の電気を帯びたものを陰イオンという。

物質

教 p.106～173

金属のイオンへのなりやすさ

教 p.125～132

①亜鉛に硫酸マグネシウム水溶液を加えても変化はない。一方，マグネシウムに硫酸亜鉛水溶液を加えると，マグネシウムはイオンに変化し，灰色の固体（亜鉛）が現れる（図1）。

図1

②銅に硫酸マグネシウム水溶液を加えても変化はない。マグネシウムに硫酸銅水溶液を加えると，マグネシウムはイオンに変化し，赤色の固体（銅）が現れる（図2）。

図2

③銅に硫酸亜鉛水溶液を加えても変化はない。亜鉛を硫酸銅水溶液に入れると，亜鉛はイオンに変化し，赤色の固体（銅）が現れる（図3）。

以上の①～③から，マグネシウム，亜鉛，銅の順にイオン（陽イオン）になりやすい。

図3

イオンへのなりやすさ

大 ←――――――→ 小

物質

ダニエル電池 教 p.136～138

①亜鉛のほうが銅より陽イオンになりやすいので，亜鉛板から亜鉛イオンになってとけ出す。

②亜鉛板に残った電子は導線を通って銅板へ移動し，硫酸銅水溶液中の銅イオンに電子を渡し，銅板表面で銅になる。

③亜鉛板が－極，銅板が＋極となる。

硫酸亜鉛水溶液　　硫酸銅水溶液

9

教 p.106〜173

◆ 水溶液の性質　教 p.143〜147

酸性の水溶液の性質
①青色リトマス紙を赤色に変える。
②緑色のBTB溶液を黄色に変える。
③pH試験紙につけると黄色〜赤色になる。
④マグネシウムなどの金属を入れると，
　水素が発生する。

アルカリ性の水溶液の性質
①赤色リトマス紙を青色に変える。
②緑色のBTB溶液を青色に変える。
③pH試験紙につけると青色になる。
④フェノールフタレイン溶液を
　赤色に変える。

水溶液	BTB溶液を加えたときの色	pH試験紙につけたときの色	マグネシウムリボンを入れたときの変化	フェノールフタレイン溶液を加えたときの色
塩酸	黄色	赤色	水素が発生	変化しない
硫酸	黄色	赤色	水素が発生	変化しない
酢酸	黄色	赤色	水素が発生	変化しない
水酸化ナトリウム水溶液	青色	青色	変化しない	赤色
水酸化バリウム水溶液	青色	青色	変化しない	赤色
アンモニア水	青色	青色	変化しない	赤色

物質

◆ 酸・アルカリ　教 p.148〜151

・水溶液中で電離して水素イオンを生じる物質を酸という。

・水溶液中で電離して水酸化物イオンを生じる物質をアルカリという。

塩酸
（塩化水素
水溶液）

HCl
（気体）

気体が
とけこむ。

HCl分子が水にとけ，
H^+とCl^-に電離する。
$HCl \rightarrow H^+ + Cl^-$

水酸化
ナトリウム
水溶液

NaOHの固体が水にとけ，
Na^+とOH^-に電離する。
$NaOH \rightarrow Na^+ + OH^-$

教 p.106〜173

◖◗酸とアルカリを混ぜたときの反応 教 p.154〜159

・水素イオンと水酸化物イオンから**水**が生じることにより，酸とアルカリが
　たがいの性質を打ち消し合う反応（化学変化）を**中和**という。
・アルカリの陽イオンと酸の陰イオンが結びついてできた物質を
　塩（えん）という。

ナトリウムイオン	+	塩化物イオン	⟶	塩化ナトリウム
Na^+	+	Cl^-	⟶	$NaCl$

物質

・うすい水酸化ナトリウム水溶液にうすい塩酸を加えていくと，
　水溶液のpHはしだいに小さくなり，さらにうすい塩酸を加えていくと，
　やがて水溶液のpHは**7**，つまり**中性**になる。

水酸化ナトリウム水溶液に塩酸を加えていったときのようす

← アルカリ性 → 　　中性　　 ← 酸性 →
（OH⁻が残っている）　　　　　　　　（H⁺が残っている）

教 p.174～249

💧 **水圧**　教 p.178

- 水の重さによって生じる
  圧力を**水圧**という。
- 水圧は，水面から深いほど
  大きくなる。

💧 **浮力**　教 p.179～181

- 水中にある物体にはたらく上向きの力を
  浮力という。
- 浮力は，水中にある物体の体積が大きい
  ほど**大きく**なる。

💧 **力の合成・分解**　教 p.182～189

- ２つの力と同じはたらきをする１つの力を求めることを**力の合成**といい，
  ２つの力と同じはたらきをする１つの力を，もとの２つの力の**合力**という。
- 角度をもってはたらく２力の合力は，その２力を表す矢印を２辺とする
  平行四辺形の対角線で表される。これを**力の平行四辺形の法則**という。
- １つの力と同じはたらきをする２つの力に分けることを**力の分解**といい，
  １つの力と同じはたらきをする２つに分けた力を，もとの力の**分力**という。

エネルギー

教 p.174〜249

◖◗ 運動の調べ方　教 p.191〜194

- 物体の運動のようすを表すには，**速さ**と運動の**向き**を正確に示す必要がある。
- 記録タイマーを使うと，一定時間ごとの物体の**移動距離**を記録することができる。

東日本の場合	←── テープを引いた向き ←3.0cm→

←0.1秒間→
（5打点ごと）

西日本の場合	←── テープを引いた向き ←3.0cm→

←0.1秒間→
（6打点ごと）

テープに記録された0.1秒間の打点の間隔が3.0 cmのとき，この間の平均の速さは右のようになる。　　$\dfrac{3.0\ \text{cm}}{0.1\ \text{s}} = 30\ \text{cm/s}$

◖◗ 物体に力がはたらかないときの運動　教 p.197〜199

- 物体に力がはたらいていないときや，力がはたらいていてもそれらがつり合っているときは，静止している物体は**静止**し続け，動いている物体は**等速直線運動**を続ける。これを**慣性の法則**という。
- 等速直線運動では速さが一定なので，移動距離は経過した時間に**比例**する。

　　移動距離〔m〕＝速さ〔m/s〕×時間〔s〕

時間と速さの関係

〔cm/s〕

①大きな力を加えたとき

②小さな力を加えたとき

速さ

時間〔s〕

時間と移動距離の関係

〔cm〕

移動距離

①
②

時間〔s〕

教 p.174〜249

◖斜面上の物体にはたらく力の分解　教 p.204〜205

- 重力の斜面に平行な分力の大きさは，斜面の傾きが大きいほど大きい。その
ため，斜面が急になると，斜面を下る物体の速さのふえ方も**大きく**なる。

傾きが小さいとき

斜面に平行な分力
斜面からの垂直抗力
斜面に垂直な分力
重力

傾きが大きいとき

斜面からの垂直抗力
斜面に平行な分力
斜面に垂直な分力
重力

◖仕事　教 p.209〜213

- 物体に力を加え，その力の向きに物体を動かしたとき，力は物体に対して
仕事をしたという。

　　　　仕事〔J〕＝力の大きさ〔N〕×力の向きに動いた距離〔m〕

- 滑車や斜面，てこなどの道具を使って仕事をしたとき，道具を使っても
使わなくても仕事の量は変わらない。これを**仕事の原理**という。

力の向きに動いた距離
3 m
50 N
50 N

この場合の仕事は，
50 N × 3 m ＝ 150 J

支点
20 cm
10 cm

てこを使って力を半分にすると，
動かす距離は 2倍 になる。

エネルギー

教 p.174〜249

◖ 位置エネルギーと運動エネルギー　教 p.219〜220

- 位置エネルギーと運動エネルギーの和を**力学的エネルギー**という。
- 摩擦や空気の抵抗がなければ，力学的エネルギーはいつも一定に保たれる。これを**力学的エネルギー保存の法則**という。

位置 エネルギーが最大

速くなっていく

遅くなっていく

運動 エネルギーが最大

基準面

力学的エネルギー

運動エネルギー

位置エネルギー

◖ 熱の移動　教 p.229

- 温度の異なる物体が接しているとき，高温の部分から低温の部分へ熱が伝わる現象を**熱伝導（伝導）**という。
- 温度が異なる液体や気体が流動して，熱が運ばれる現象を**対流**という。
- 高温の物体が光や赤外線などを出し，それが当たった物体に熱が移動し温度が上昇する現象を**熱放射（放射）**という。

熱伝導　対流

熱放射

光, 赤外線など

エネルギー

◖生物どうしのつながり 教 p.253〜263

- 生物どうしの食べる・食べられるの関係でつながった，生物どうしの
  ひとつながりを**食物連鎖**という。
- 複雑にからみ合った食物連鎖による
  生物どうしのつながりを**食物網**という。

生産者
光合成によって自分で栄養分をつくる生物

消費者
ほかの生物から栄養分を得る生物

分解者
消費者のうち，生物の遺骸やふんなどから栄養分を得る生物

◖生物の活動を通じた物質の循環 教 p.264〜265

- 生物の体をつくる**炭素**などの物質は，食物連鎖や呼吸，光合成，分解などの
  はたらきで，生物の体と外界の間を循環している。

⟶ 炭素の移動　　⇢ 気体としての酸素の移動

環境